乡村振兴知识百问系列丛书

乡村振兴战略·
蔬菜业兴旺

河南农业大学　组编

李胜利　主编

中国农业出版社
北　京

《乡村振兴知识百问系列丛书》
编委会

主　任　李留心　张改平
副主任　赵榴明　谭金芳　康相涛
编　委　（按姓氏笔画排序）
　　　　丁　丽　王文亮　王宜伦　田　琨　田志强
　　　　付　彤　许　恒　杜家方　李胜利　李炳军
　　　　李留心　李浩贤　宋　晶　宋安东　张改平
　　　　张学林　郑先波　赵玮莉　赵榴明　胡彦民
　　　　贺德先　黄宗梅　康相涛　解金辉　谭金芳

《乡村振兴战略·蔬菜业兴旺》
编委会

主　编　李胜利
副主编　董晓星　李娟起　李浩贤　黄　松　张　晖
编　者　（按姓氏笔画排序）
　　　　李胜利　李浩贤　李娟起　张　晖　黄　松
　　　　董晓星

发挥高等农业院校优势 助力乡村振兴战略
（代序）

实施乡村振兴战略是党的十九大作出的重大决策部署，是决胜全面建成小康社会、全面建设社会主义现代化国家的重大历史任务。服务乡村振兴战略既是高等农业院校的本质属性使然，是自身办学特色和优势、学科布局的必然，也是时代赋予高等农业院校的历史使命和职责所在。面对这一伟大历史任务，河南农业大学充分发挥自身优势，助力乡村振兴战略，自觉担负起历史使命与责任，2017 年 11 月 30 日率先成立河南农业大学乡村振兴研究院，探索以大学为依托的乡村振兴新模式，全方位为乡村振兴提供智力支撑和科技支持。

河南农业大学乡村振兴研究院以习近平新时代中国特色社会主义思想为指导，立足河南，面向全国，充分发挥学校科技、教育、人才、平台等综合优势，紧抓这一新时代农业农村发展新机遇，助力乡村振兴，破解"三农"瓶颈问题，促进农业发展、农村繁荣、农民增收。发挥人才培养优势，为乡村振兴战略提供智力支持；发挥科学研究优势，为乡村振兴战略提供科技支撑；发挥社会服务优势，为乡村振兴战略提供服务保障；发挥文化传承与创新优势，为乡村振兴战略提供精神动力。成为服务乡村振兴战略的新型高端智库、现代农业产业技术创新和推广服务的综合平台、现代农业科技和管理人才的教育培训基地。

为助力乡村振兴战略尽快顺利实施，河南农业大学乡村振兴研究院组织相关行业一线专家，编写了"乡村振兴知识百问系列丛书"，该丛书围绕实施乡村振兴战略的总要求"产业兴旺、生态宜居、乡风文明、治理有效、生活富裕"，分《乡村振兴战略·种植业兴旺》《乡村振兴战略·蔬菜业兴旺》《乡村振兴战略·林果业兴旺》《乡村振兴战略·畜牧业兴旺》《乡村振兴战略·生态宜居篇》《乡村振兴战略·乡风文明和治理有效篇》和《乡村振兴战略·生活富裕篇》7个分册出版，融知识性、资料性和实用性于一体，旨在为相关部门和农业工作者在实施乡村振兴战略中提供思路借鉴和技术服务。

作为以农为优势特色的河南农业大学，必将发挥高等农业院校优势，助力乡村全面振兴，为全面实现农业强、农村美、农民富发挥重要作用、做出更大贡献。

河南农业大学乡村振兴研究院

2018 年 10 月 10 日

目 录

MU LU

发挥高等农业院校优势　助力乡村振兴战略(代序)

第一部分　农业园区规划、经营与管理篇

第二部分　设施设计、建造与环境调控技术篇

第三部分　蔬菜工厂化育苗篇

第四部分　蔬菜生产管理篇

第一部分 | 农业园区规划、经营与管理篇

NONGYE YUANQU GUIHUA、
JINGYIING YU GUANLI PIAN

1. 想投资做高效农业前要做好哪些心理准备？

(1) 做农业不是一件简单的事 农业不是轻轻松松，敲锣打鼓就能做好的。农业受自然因素影响很大，市场难预测、不可控，技术管理缺乏量化，产品质量标准化难统一，从业人员素质相对不高。这些都是需要考虑的不利因素。

(2) 不能把农业当成兼职来做 农业需要踏实的人，实实在在地做，方有可能成功。抱着玩的心态，想捎带着把农业做好的基本不可能，除非在各个环节聘请专业可靠的管理团队。做农业要像养小孩、培育小孩一样，从园区建设、种植、营销、管理等各个环节用心去做。

(3) 做农业需要长久的坚持 快速发展，弯道超车是中国以前经济发展的一个写照。很多老板做农业也抱着急切的心理，想两三年就盈利，很多没能坚持到三年。农业是个见效慢、长线型的产业，需要一步步把基础做牢。大家只看到褚橙的风光，但很少人去探究背后褚老十年默默无闻的坚守。

(4) 让专业的人去做专业的事 很多老板认为农业是很简单的事，不识字的老农都会干，自己投资这么多，肯定能做好，这种想法是错误的。还有些老板去参观了一些园区，因此在建设和生产中强加进去很多不科学的做法和东西，造成浪费。如一个老板自行设计温室，建成后投资大，性能不佳。再如一老板去荷兰考察后，也模仿在自己园区建了个番茄世界，只是仿造了皮毛，结果可想而知。

(5) 不要盲从个别所谓专家的忽悠 大多专家是有职业操守和社会良知的，但也有些成为某些产品的代言人，向一些老板们推销高科技、高大上的东西。对于这些，老板们不要头脑发热。

(6) 建设未动，规划先行 一个项目要做好，需要有规范科学的程序。首先是产生了一个想法；其次把想法聚焦成项目；第三进行项目可行性分析，可行了进入第四步——项目的规划设计，制订实施方案。第五步项目的建设，同时制定生产、管理以及运营方案，组建团队。很多老板，盲目建设，造成后来的浪费、建设的失误、投资的错位。

2. 蔬菜园区规划时要坚持哪几点？

（1）市场性原则　以市场为导向，科学定位，明确功能、类型、特点及其细分市场，针对性地开发产品，追求生态环境、社会、经济的整体最佳效益。

（2）特色性原则　在发展定位、经营方式和景观创造上均应突出特色，增强"生命力"和吸引力。

（3）因地制宜原则　考虑当地资源条件和生态类型，选择适宜的主导产业和产品；充分利用原有基础条件，以减少基础性投资。

（4）体现生态可持续、经济可持续、社会可持续

3. 一个运行良好的农业园区是如何打造的？

（1）选好地址　选址要把握几点：一是城市近郊；二是环境生态优美，远离养殖场、厂矿和噪音污染源；三是看周边有无景点，能否集群发展；四是所在地有无历史典故；五是自然环境有无独特之处，如土壤富硒、水质优良、空气富氧等。

（2）详细策划　策划包括园区的定位，目标定位、市场定位、客流群体定位；园区的特色和主题；园区所呈现的个性和风格。

（3）科学规范　规划是在策划的基础上进行的，而不是盲目地规划。规划存在的几个问题，一是空洞；二是四平八稳；三是放之四海而皆准。这些规划实际是无用的，无法落地的。另外，如果一个规划团队没有反复的调研、实地考察就制订了规划，那这个规划肯定用处不大。

（4）有序建设 找专业的人做好单体设计。基础设施建设不要过度省钱而忽视质量；建设先后有序，先建生产设施，生产正常后逐渐完善休闲设施建设。

（5）建好团队 建好三支团队，一是管理团队，人少而精干；二是技术团队；三是运营团队。

（6）不断创新 创新是园区持续健康发展的关键，创新不是毕其功于一役的事情，需要不断地创新。否则游客会产生游玩疲劳，通过种植上、项目上、环境上、服务上等各方面的不断改进和创新，增加对游客的吸引力和黏性。

4. 如何建设一个具有特色的生态休闲农业园区？

需要从以下几个方面打造：一是营造优美环境；二是做好种植生产；三是讲好产品故事；四是讲好科普知识；五是编好活动剧本；六是搭好体验舞台；七是备好精致道具；八是植入文化内涵。

5. 如何科学把握蔬菜供给侧改革的方向？

当前，蔬菜供需主要矛盾已发生转变，即冬春淡季逐步解决，夏淡季的问题日益突出。长期以来，中原及北方蔬菜产业发展的重点是解决冬春淡季的供应，在栽培设施、品种选育、栽培技术方面倾注了大量的人力和物力。随着 30 多年来设施蔬菜的长足发展，冬春淡季供应短缺的局面基本解决。然而，在中部平原地区，夏季高温酷暑，露地不适宜蔬菜的生长。设施栽培采用设施也是以冬春生产为主，由于缺乏简易、低成本的降温和遮阳系统，夏季棚内温度经常高至 45℃，甚至更高，成为蔬菜安全生产的主要限制因子。因此经常出现蔬菜淡季，影响人们对蔬菜的正常需求。

要了解供给侧改革的方向，首先要了解市场需求的时空变化，了解消费者对产品需求的变化，以市场和消费者的需求来进行供给侧改革。对于蔬菜产业来说，供给侧改革主要从以下几个方面着手：一是生产的时空安排，即茬口安排；二是产品种类，如特色产品；三是优质化的品种；四是生态、绿色的生产方式。

6. 新形势下蔬菜产业发展面临哪些制约因素？

（1）环保政策愈来愈严，设施蔬菜加温、生产成本不断攀高　设施蔬菜产生的温室气体主要为二氧化碳（CO_2）和氧化亚氮（N_2O），包括化石燃料燃烧产生的二氧化碳排放，农业机械油料燃烧产生的二氧化碳（CO_2）排放，温室加温、灌溉等生产过程电力、热力消耗引起的二氧化碳（CO_2）排放，施用肥料引起氧化亚氮的排放等。

温棚蔬菜生产所用的农资，如薄膜、遮阳网、化肥、农药等大部分是有污染、高碳排放的，其成本会转嫁到蔬菜生产中来。特别是设施加温冬季燃煤的限制，大大增加了冬季设施蔬菜生产的成本。单纯的加温由煤改成气的成本，将增加 1 倍以上。

（2）人工红利逐渐消失，劳动力成本不断攀升，农忙时节工人难寻　蔬菜是劳动密集型产业，机械化程度较低，特别是植株管理和采收环节用工较多。

案例：蔬菜不同环节生产成本

在城市近郊，短期工每天要 80 元以上，在农村每天也要 60 元左右。如青菜采收的成本，前几年 0.6 元/千克左右，现在增加到 1.0 元/千克以上；幼苗仅嫁接一项工序，单株的人工成本就需 0.1 元左右。日光温室生产方式下，生产资料、棚室折旧及维修、人工费用分别占总成本的 24.4%、34.2% 和 41.4%；塑料大棚生产方式下，三者费用分别占总成本的 32.5%、18.3% 和 49.2%。由成本构成可以看出，人工成本占第一位。在规模化的蔬菜种植区域，农忙时节还面临无工可雇的情况。

7. 现代化蔬菜产业发展应该坚持哪些理念？

(1) 工业化的发展理念 一是产品生产的标准化，摒弃经营种地的理念，关键操作过程要制定标准，操作规程，实现量化管理；二是要有品牌意识，依靠标准化打造品牌，以品牌来创市场；三是要完善产业链条，降低种植风险，增加附加收益。

(2) 产品的优质化与特色化 一是注重质量，安全质量是首位，也要重视产品的口感、风味和商品质量；二是发展地方特色品种，很多地方特色品种应该注重保护和发展，如张良姜、平顶山的韭菜、光武的大葱、开封的玻璃脆芹菜等。

(3) 菜田生态环境的保护 贯彻绿色发展和循环农业发展的理念，保护菜田生态环境。通过有机肥替代、绿色防控等手段，逐步减少化肥和农药的使用，保护地下水资源；通过生态栽培、土壤修复，逐步改善菜田土壤环境，实现土壤生产潜力的可持续。

8. 蔬菜产业园区设计时要注意哪些结合？

第一注意农业经营与绿色食品生产相结合；第二注意农业经营与康体健身相结合；第三注意农业经营与农业体验相结合；第四注意农业经营与农业文化展示相结合；第五重视农业经营与互联网技术相结合；第六重视静态项目与动态项目相结合；第七重视农业发展与美丽乡村建设相结合。

9. 蔬菜产业园区如何提高自身的综合效益？

(1) 第一产业三产化 延伸产业链条，做一、二、三产业。

在第一产业科技示范的基础上横向整合三产各个要素，把农业的价值最大化。

（2）第一、二产业品牌化　安全优质，标准化，创品牌。

（3）第三产业产业化　把吃、住、行、游、购、娱六大要素，做成产业，如文化农业板块、文化创意产业园。

（4）第四化：农业模块基地化　由单纯的农业园区向"基地"转变，做成"科技农业基地、文化农业基地、农业人才基地、安全食品基地"。

10. 如何选择一个合适的蔬菜生产基地？

要充分发挥区域自然资源优势，提倡适地生产。选址主要考虑的条件是土地肥力、租金水平、交通条件、给水排水、周边环境等因素。反季节蔬菜要考虑冬季和夏季种植所具有的优势，当季蔬菜要考虑对提升品质的优越气候条件。同等条件下还要考虑相对目标销售地是否有优势，当地劳动力是否能满足需求。

案例1：夏季育苗基地的选择

高温逆境是夏秋季蔬菜集约化育苗经常遇到的问题，高温或亚高温胁迫是影响夏秋季蔬菜集约化育苗的关键因素之一。高温极易导致幼苗发生徒长，幼苗质量下降，最终影响产量和品质。山区夏季气候凉爽，昼夜温差大，高山立体气温差异明显，海拔每升高100米，山地垂直温度降低0.5～0.6℃，即海拔600～1 200米的山地气温比当地平原低3～6℃。据在灵宝苏村地区调查，在海拔800米山区，夏季白天最高平均气温为31℃，夜间平均气温为20.8℃；据新密市尖山调查，在海拔700～900米山区，7～8月平均气温比平原地区低4～5℃，昼夜温差均在10℃以上。这些得天独厚的气候条件是夏季育苗的优势所在，便于幼苗干物质的积累，有助于花芽分化，培育健壮的幼苗。根据实地测算，与平原地区夏季育苗相比，高山育苗培育果菜类的能源消耗降低70%以上，幼苗培育成本比山下下降 28% 以上，壮苗率提高 30% 以上。

案例 2：夏季高山蔬菜栽培

夏季利用高海拔地区种植优质果菜类的生产是一个发展方向。如番茄种植，番茄是全世界栽培面积最大的蔬菜作物。日光温室的发展，解决了冬春供应问题。番茄属于喜温型蔬菜，高温导致授粉不良，由于夏季的高温，致使病害严重、质量较差，导致夏秋季的优质番茄供应一直短缺。在高山地区，可以发展越夏一大茬栽培，在灵宝苏村地区，越夏番茄 6 月中旬定植，7 月下旬收获，露地栽培可采收到 9 月底，大棚栽培可采收到 10 月底，亩*产量可达 5 000 千克以上，而且品质优良。

11. 发展高山蔬菜时应该注意哪些问题？

高山蔬菜的种植，应该从以下几个方面强化：①立地条件的选择，要考虑交通方便、水源充足、劳动力有保障、土壤肥沃的地块。②不同海拔地区合理种植区划，发展适度规模化种植，制定生产标准。③发挥合作社的市场开发优势，抱团打造品牌，创市场。④完善冷链体系建设，包括冷库的建设和冷链运输等。

12. 发展温棚蔬菜的效益如何？

温棚蔬菜是一种高投入、高产出、具有一定风险的产业。平均每亩地的生产性投入是传统农作物的 10 倍以上，如果加上设施投入和折旧，每年的投入会更高。在没有自然灾害的年份下，正常收益也是传统粮食作物的 15 倍以上。

案例 1：日光温室投入产出分析

单座日光温室长 120 米、跨度 10 米、墙体底座宽 6 米，温

---

* 亩为非法定计量单位，1 亩≈666.7 米²，余同。——编者注

室建造成本 9.6 万元。温室间隔 3 米左右，日光温室加上配套辅助设施及道路，大约占地 4 亩左右，其中净使用面积 2 亩左右。

（1）生产及经营成本 年生产成本计 11 800 元，包括：有机肥 20 米³，120 元/米³，计 2 400 元；种子 1 800 元；化肥 800 千克，2 元/千克，计 1 600 元；农药 1 000 元；地租 5 000 元。棚室折旧及维修用 16 511 元，包括：棚膜按 3 年折旧，每年 3 610 元；保温被按照 5 年折旧，每年 3 229 元；日光温室主体按照 8 年折旧，每年 8 672 元；每年设施维修费用按照 1 000 元计算。人工、营销及管理费用每年 2.0 万元，一般按照每人管理 1 栋日光温室，每月 1 500 元，人工费用 1.8 万元，管理及营销均摊按照 2 000 元计算。共计每栋每年生产总成本 4.83 万元。

（2）产出 每栋日光温室年产黄瓜 3 万千克，均价按照 2.6 元/千克，每栋温室年产值 7.8 万元。

（3）效益分析 年纯收益 2.97 万元，3.2 年可收回温室投资，平均每亩耕地有 0.74 万元的纯收入。

案例 2：塑料大棚投入产出分析

以钢骨架塑料大棚一年两茬果菜生产为例。镀锌钢骨架大棚规格，每栋大棚长 120 米、跨度 8 米，每栋建造成本 2.5 万元。拱距 1.1 米，棚间隔 2 米左右，加上道路及辅助设施，每栋大棚大约占地 1.7 亩。

（1）生产及经营成本

年生产成本 有机肥 10 米³，120 元/米³，计 1 200 元；种子 1 400 元；化肥 500 千克，2 元/千克，计 1 000 元；农药 1 000 元；地租 2 000 元，计 6 600 元。

棚室折旧费用 棚膜、防虫网、压膜线按 3 年折旧，平均每年 1 020 元；大棚主体平均按 10 年折旧，平均每年 2 194 元，每年设施维修费用按 500 元计算，每年共计 3 714 元。

人工、营销及管理费用 按照每人管理 2 栋塑料大棚，每月 1 500 元，每栋年人工费用 0.9 万元，管理及营销均摊按照 1 000

元计算，每年费用 1.0 万元。共计每栋年生产总成本 2.03 万元。

（2）产出 早春种植黄瓜，秋延后种植黄瓜，每年黄瓜产量 1.75 万千克，均价按照 1.8 元/千克，产值 3.15 万元。

（3）效益分析 每栋年纯收益 1.12 万元，2.23 年可收回棚室投资，平均每亩耕地年 0.66 万元的纯收入。

13. 蔬菜园区如何做好成本控制？

从成本来看，日光温室生产方式下，生产资料、棚室折旧及维修、人工费用分别占总成本的 24.4%、34.2% 和 41.4%；塑料大棚生产方式下，三者费用分别占总成本的 32.5%、18.3% 和 49.2%。由成本构成可以看出，人工成本占第一位，降低人工费用需要实行轻简化栽培，目前水肥一体化作为一种便捷的水肥管理措施已具备了推广的条件，而其他栽培方面的轻简化措施仍在研发和初步示范阶段。在现阶段主要依靠科学的管理来提高劳动效率以降低人工的相对费用，如减少不必要的非生产性用工，量化管理、目标管理和超产出分成管理等。不同园区经济效益的差别主要产生于此；棚室的折旧费用和维修则需要从提高工人的责任心方面入手，如棚膜，农户自己的温室一般可以用到 3 年，而大多数以公司为主的园区只能用 2 年，甚至有的维护不好需要每年更换棚膜；生产资料的投入需要依靠科学的种植技术进行合理的投入。

14. 蔬菜园区如何提高自身的产出？

①提高单位棚室的产量和产品的品质，这一方面主要依靠科技，另外需要科学的茬口安排。②提高单位产品的售价，这需要了解市场信息，利用现代的营销方式和理念。③提高产品的附加值，拓展生产的基本功能，如产品的初级加工与包装，城市近郊的园区可以在生产的基础上发展休闲采摘等。④提高设施的综合利

用效率，如棚室夏季休闲期的综合利用，棚前空地的有效利用等。

15. 家庭农场从事蔬菜产业有哪些优势和劣势？

（1）**优势分析** 农户分散式生产与经营最大的优势在于生产管理成本较低，主要体现在以下几点：第一，一般情况下农户利用自己的土地，或者租用部分的土地建设设施，每年地租的成本较低；第二，生产以自己劳动力为主，基本没有雇工费用，这样可以大大节约劳动力成本的投入；第三，劳动效率高，这种方式下，生产者是在做自己的事，在生产的各个环节都会尽力而为，在技术和投入有保证的前提下，往往会获得较高的产量；第四，节本增效意识强，生产者在使用中会爱惜、维护设施，降低生产过程中农资的浪费；第五，设施可以得到充分利用，提高设施整体的生产潜能。

（2）**劣势分析** 劣势主要有以下几点：第一，经济能力有限，无力承担设施建设所需要的资金；第二，规模较小，单位产品营销成本和生产资料成本较高；第三，技术风险与市场风险承担能力弱；第四，产品质量控制难度较大。

16. 农民专业合作社从事蔬菜生产与经营有哪些优势和劣势？

农户在自愿的基础上组建合作社，合作社统一技术服务、统一农资供应和统一产品销售，农户还是生产的主体。

（1）**优势分析** 生产的分散性和经营的统一性有机结合，融合了上述两种方式的优点；生产和经营成本相对较低；方式灵活，适应能力强。

（2）**劣势分析** 合作社应该是按照一定章程建立起来的，入社会员参与经营与决策。但实际上目前有部分合作社是一人独大或者实际上是一个公司，并没有实现真正的利益共同体。很大程度上合作社成为了一个农资销售的主体，而其技术服务功能和产品营销功能较弱；实力较弱，人才缺乏，市场开拓能力较差。

17. 合作社和家庭农场为主体的蔬菜园区如何科学经营？

第一，走差异化发展的小农业之路，主要满足消费者对差异化蔬菜品种的需求，主要进行小宗、特色的蔬菜生产；种植一些区域特色明显、人工依赖程度高、产品销量小的品种；第二，定制化种植与经营，针对某一类消费群体，采用众筹，或者会员制的方法进行针对性的、计划性生产与销售，以蔬菜的安全、营养和健康，精细蔬菜、功能性和营养价值高的蔬菜品种吸引消费群体；第三，有别于规模化种植的三产融合，以生态化农业生产模式、乡土化产品加工方法、民俗化农耕文化相融合，延伸农业价值链和效益链，将蔬菜种植与旅游、教育、文化、健康养老等产业深度融合，提高种植的附加值。

18. 家庭农场与合作社如何壮大自身，培育强大的经营主体？

以家庭农场和合作社为生产主体的模式在生产环节具有很大的优势，但在产品营销环节则显得力不从心。不同的家庭农场和合作社联合起来可以实现生产的规模化，在此基础上有意识地培育有实力的经营主体。如以家庭农场为基本单元，组建"合作社＋家庭农场""蔬菜协会＋合作社＋家庭农场"，或者与龙头企业结合组建"龙头企业＋合作社＋家庭农场"等模式。

无论何种模式，家庭农场应该是生产的主体，合作社和龙头企业是服务和经营的主体。合作社或者农业龙头企业要与农户或者家庭农场积极结合，形成利益共同体，尊重农民在农业产业链上的分工，不与农民争利，主动让利，把生产的环节让农户或者家庭农场来承担。

合作社和农业企业应该做自己最擅长的工作、可控的工作。如在产业链的上游进行研发和种苗培育，为生产者提供优质壮苗和农资；在生产环节为生产者制定产品标准、提供技术服务和进行质量跟踪管控；在产后环节，培育知名品牌，积极开拓市场，收集市场信息，有条件的企业还可以进行产品的初级加工和深加工等。

19. 外来资本从事蔬菜产业有哪些优势？

第一资金优势，便于筹措资金建设性能良好的生产设施与配套设施进行生产与经营；第二便于实现规模化生产与经营；第三可以实现产品采后的初级加工、包装与处理，获得一定程度的产品增值；第四便于开拓市场，减少产品销售的中间环节，获得较为合理的产品售价；第五有助于保证产品的质量。

20. 外来资本从事蔬菜产业有哪些劣势？

第一，雇工成本高，生产工人稳定性差。公司规模化生产与经营需要雇佣大量的生产工人，目前劳动力成本已成为农业园区最大的成本之一。由于设施蔬菜生产周期较长，从幼苗的培育、定植到产品的收获需要 2～3 个月，有时候更长，这样在一段时间内园区基本上没有销售收入，而每个月还要支付员工的工资，对于流动资金不太充足的农业企业是个不小的压力。另外，园区的生产工人多是来自周边的村庄，这些人员本身家里也种有土地，多是在农闲时间到园区打工，造成园区工人的稳定性差，工人较高的流动性也造成了熟练技术工人的缺乏。第二，生产环节管理难度大。目前农业园区大多像工厂一样采用按时上下班制，而设施蔬菜的管理环节时效性特别强，一个关键的操作环节失误了，或者操作延迟，会造成减产甚至绝收。农业种植的因时操作与固定管理是一对矛盾。这涉及工人的责任心问题，生产工人与园区老板的心思和所追求的都不一样，责任心不强的员工会造成生产资料的浪费，管理不到位会使产品的产量与质量大大降低。第三，非生产性投入过大。目前大多数设施园区在规划建设中都有完善的功能分区和完善的组织管理结构，这对于一个规模化的现代农业企业是必备的，但对于我国现阶段设施蔬菜发展的水平而言，有些功能区过于高大上，造成不必要的浪费。非生产性人员所占比例过高，而且这些人员并没有在管理和服务中提高园区的生产效率。第四，功能性浪费。有些园区在建设中过于注重形象，譬如在设施建设中没有充分考虑设施结构与功能相匹配，造成高投入的设施投入并没有带来高的产出，甚至出现有的设施在利用上骑虎难下，弃之可惜，用之心痛。还有些园区投入一些资金建设了信息监控和数据采集系统，这些除了担负提升所谓园区的高科技形象之外，在服务于园区的管理和生产方面所起的作用有限。

21. 以企业为主的规模化蔬菜生产基地应该如何发展？

(1) 提高机械化水平　随着我国农村劳动力短缺，人工成本不断上升，而且这种趋势将长期不可逆转。轻简化和标准化是以企业为经营主体的必由之路。国内的生产设施（日光温室、塑料大棚）与国外的大型自动控制温室相比，在安全、轻简、高效生产方面存在着很大差距。在现阶段生产水平下，难以实行机械化操作和栽培技术的标准化，缺乏专业化的生产工人和难以实现量化的用工管理，这些是以企业为主体实现设施蔬菜规模化生产的限制性因素。通过提升机械化水平，提高生产效率，发挥规模效益。

(2) 品牌化农业　品质是品牌的基础，标准化是品质的保证，以标准化生产保证产品的品质，以优质作为品牌的保障，以"三品一标"产品认证作为品牌的基础。商标不等于品牌，品牌的创建是一个持续、漫长，被消费者逐渐认可的过程。品牌的维护需要严格的品质管理，要以诚信的生产经营作为保障。注重产品品质，以高品质实现产品的高价值，注重培育品牌，以品牌作为高品质的有效载体。

（3）三产融合，延伸产业链 将生产、加工业、市场服务业深度融合，纳入全产业链的"工业化""产业化""市场化""专业化"流程。通过产业间的相互补益和全面开发而放大系统性效益能量。选择高附加值的优良新奇品种，在做好生产的基础上拓展园区的功能，如拓展园区的生态休闲功能。发展会员，实现会员制供应、特定消费群体专供等。

（4）多渠道搞好产销对接 如农超的对接、与社区的对接、团体性消费单位的对接等。此外，更要搞好与批发市场的对接，与批发市场的主要商户形成稳定的关系，共建基地，充分发挥批发市场信息的优势，根据其反馈的市场信息选择适宜的品种、科学安排种植时间。

22. 蔬菜园区进行轻简化、标准化栽培的前提是什么？

要实现设施蔬菜生产的轻简化和标准化，首先要从设施选型上入手，要选择便于实现轻简化栽培的设施。如日光温室要选择大跨度、钢骨架、无立柱，便于小型机械设备的操作。塑料大棚在单体大棚的基础上，根据当地实际情况，选择钢骨架连体塑料大棚；第二方面从幼苗培育、定植、吊蔓等各个管理环节实现技术的标准化和工作的量化考核，从栽培农艺上符合小型农业机械的使用。

23. 不同类型园区在品种安排上应考虑哪些差异？

（1）生产型园区和以批发市场销售为主要渠道的蔬菜园区品

种要相对简化，以 2～3 个主要生产品种为主，要把产品盛果期安排在市场需求量最大、价格最高的时期，以此来确定育苗时期和定植时期。

（2）以采摘为主的蔬菜园区品种要相对丰富一些，且主要以即摘即食的品种为主，品种要选择口感好、风味好的，对于耐贮运则无过多要求。时间上要把产品供应盛期安排在节假日期间，如五一、十一、元旦、春节等。

（3）以会员制配送销售为主的蔬菜园区，要根据会员的需求，根据订单的需求进行种植计划的安排，做好分批播种的时间安排。

24.　蔬菜园区如何做好轮作安排？

对于具有一定规模的园区，在制定种植计划时要有科学轮作的理念。

首先，把园区作物种类按照是否耐连作进行梳理，绘制每年的种植布局图，在安排时优先考虑不耐连作作物的种植区域。如一般瓜类忌连作，种植计划安排时首先满足瓜类的轮作需求。

其次，要考虑合理的茬口衔接，在满足生产功能的前提下，以减轻病害和平衡土壤的营养为原则合理安排茬口衔接。如避免同科、具有相同病虫害、养分需求规律相似的作物茬口。

25.　蔬菜园区如何制定好种植计划？

具体到每一个区域的详细种植计划时，要从三个层面来制定。

一是从宏观层面要考虑一个种植区域、一个地块全年或者一个栽培周期的种植计划。制定种植图表，标明每一茬的育苗、定植时间、产品上市期和计划拉秧期。按照种植计划从宏观方面有序安排园区的工作，如物资采购、土地整理、产品销售等。

二是从中观层面，即具体到某一茬的种植计划。在这一层面的计划中，要重点列出几个关键点的时间安排，除了育苗、定植时间外，更重要的是制定出关键时间段的管理要点、种植风险的预判和应对措施。如越冬一大茬黄瓜何时会出现寒流、寒流来临前后如何进行管理；如蔬菜不同生长阶段主要的病害是哪些，如何预防等。

三是具体到每一个操作环节，要制定操作标准，对于新员工工作之前要培训示范，工作完成之后要检查。

26. 蔬菜园区如何做好用工管理？

蔬菜属于劳动密集型产业，目前机械化程度较低，用工费用是蔬菜园区最大的生产成本，如何进行节约高效的人工管理是蔬菜园区经营成败关键因素。对于家庭农场和合作社这样的经营主体，农民在自家的土地，或者流转过来的土地上进行耕作，劳动力以自己或者亲朋好友为主，这类园区不存在人工管理的问题。而对于雇佣工人为主的蔬菜园区，如何提高员工的工作效率和调动员工的能动性是管理的关键。

（1）制定操作规范 克服经验式管理理念，对于栽培的每一茬蔬菜作物，把管理的每一个环节都归纳为一个"工作"，制定相应的技术标准和操作规范。如安信种苗把整个育苗过程归纳了25个关键环节，制定了25节点育苗，每个关键点都有技术标准和操作规程。这样使员工有章可依，问题有据可查，实现了育苗的标准化，大大提高了育苗效率。

（2）员工的上岗培训 随着新品种、新技术在生产中不断推广应用，对于农业园区的员工进行上岗前培训是很有必要的。培训是员工掌握操作规范、提高工作效率和质量的保障。通过培训也可以增加员工对园区的归属感和认同感，增加园区的凝聚力。

（3）工作的量化考核 量化管理是对员工进行高效管理的关键。

27. 如何进行园区工作的量化管理？

随着农业生产的标准化逐步提高，特别是在一些现代农业园区内，应该引入量化管理的概念。量化管理的前提是科学制定每项工作的量化标准，如黄瓜吊蔓这项工作，前期吊蔓 1 亩需要多少个工，后期吊蔓 1 亩需要多少工；番茄定植，温室定植 1 亩需要多少工，露地定植 1 亩需要多少工等。

这些量化标准的制定需要在平时的管理中逐步积累，制定时需要考虑不同栽培设施、不同栽培方式、男工和女工量化标准上的差异。

案例：用工的统筹安排

美国 Metrolina greenhouse 是一家以盆花生产为主的公司，温室面积 990 亩，露地面积 1 110 亩，年生产 3 亿盆成品花，这个公司的用工管理相当高效。整个园区分成了 5 个区域，园区有一个总的技术负责人（head grower），每个区域有 1 个生产管理者（grower）和 2 个生产管理助理（assistant grower），这 3 个人负责区域内的日常技术管理，具体的生产工人由公司统一安排调度。公司有生产计划部、人事部和劳动部。每天傍晚之前，生产计划部根据每个区域第二天的工作内容，结合每个区域上报的第二天所需要的生产工人数，制定第二天每个区域所需的员工数量和工作时间。生产计划部把制定的需求表格发给人事部，人事部进行审核，根据工作紧迫度的先后顺序，制定第二天的派工方案。然后人事部把派工方案发给劳动部，第二天由劳动部进行员工的具体安排。每个生产区的管理者负责技术的指导、工作的监督和检查。

国外的这种先进管理理念与他们先进的设备和生产技术是相配套的，国内的园区在这些方面与国外的有很大的差距。但也要根据自身园区的具体情况进行用工的统筹安排，如进行分区负责、生产工人统一调配。

28. 蔬菜园区如何做好产品质量管理?

产品质量是一个园区的生命,产品的质量内涵包括安全质量、商品质量、口感风味、营养质量、贮运质量。销售目标市场不同、经营方式不同,追求质量的侧重点稍有差异,但安全质量是第一位的。如以采摘为主的蔬菜园区,在保证安全质量的前提下,重点要追求产品的口感风味和营养品质。如以远距离销售为主的,则还要考虑产品的贮运质量。

蔬菜园区要根据自身园区产品的定位,是无公害产品、绿色产品还是有机产品,在遵循国标的前提下,结合自身园区的实际情况,制定生产技术规范和企业标准,配备必要的设备和人员对蔬菜生产过程进行监督,产品出园之前进行检测。

29. 蔬菜园区如何做好设备管理?

随着技术和装备水平的不断进步,现代蔬菜园区一般都建设有种植设施,如日光温室、塑料大棚等,配备相应的环境调控、监控和耕作的设备,如卷帘设备、湿帘风机、温湿度检测仪、旋耕机、水肥一体化设备、喷药机械等。这些设施和设备的正常使用是保障种植目标实现的基础,一个大型的园区,需要做好设施设备日常的检修、保养和维护工作,需要有专门的人员来负责。建立设施设备检修和维护的台账。

30. 目前蔬菜营销有哪些主要方式? 各有什么特点?

目前蔬菜主要销售方式有四种:一是批发市场的大宗销售模

式；二是农超对接为代表的集团型销售模式；三是会员配送制；四是网上销售。

（1）批发市场销售模式管理要点　批发市场销售目前是蔬菜园区销售的主要方式之一。要及时了解市场信息，根据市场变化合理安排产品的采摘、销售或者仓储。适时采摘对于产品的质量有很大影响，采摘期的确定要考虑产品的生物学特性、市场价格因素、货架期、耐贮运性等。科学的仓储计划安排有助于获得较高的销售价格，如秋延后或者秋露地蔬菜，其产品销售价格基本规律是越往后延迟，价格越高，通过适当的贮存再销售会获得一个较合适的价格。

（2）农超对接销售模式管理要点　农超对接之类的集团式销售，这种销售方式下，蔬菜园区与超市等集团需求群体之间比较容易建立起稳定、持续的采购关系，能够有效减少双方供需信息的搜寻成本。但由于大部分园区和集团消费群体均没有运输和保鲜能力，第三方物流费用较高。管理的重点主要是根据需求做好产品的采收、质量检测和运输，做好物流方面的成本控制。

（3）会员配送制销售模式管理要点　会员配送制主要是做好配送中心、客户订单及配送计划的管理。配送中心内部的管理包括接货及检验，产品的清理、分级、包装和加工，分类入库和库存管理。根据客户的订单制定配送计划，进行产品的分拣、出库检查和配送运输。

（4）网络销售模式管理要点　蔬菜产品由于其产品特性和消费者对其产品食用上的要求，再加上产品的标准化程度低，致使其作为网络销售产品有其先天的不足。对于一些耐贮运的、产品容易实现标准化的、具有地域特色的蔬菜产品可以作为生鲜电商销售的首选产品，但首先要做好仓储管理以降低损耗和仓储费用，其次要做好配送以降低产品交付成本。

31. 蔬菜园区如何做好风险预警与应急预案？

蔬菜生产受自然影响的因素很大，特别是设施蔬菜生产，由于国内大部分的是简易设施，环境调控能力差、抵御自然灾害的能力也差。尤其是冬季生产时更容易遭受风雪灾害，因此农业园区要有风险意识，进行风险预警和应急预案。而应急预案的实施需要靠人员来进行，对于突发的灾害天气，特别是晚上的暴风雪、暴雨等，这些都需要及时做出应对措施。在特殊时期、特殊天气下，要有应急处理小组进行巡查。

32. 蔬菜园区如何做好档案管理？

(1) 档案的记录 档案对于一个园区进行科学的管理、提升园区的经营管理水平至关重要。完整的档案也是园区申报无公害、绿色和有机产品认证的所需文件。档案的记载包括，投入品档案、生产管理档案、设施环境监测档案、产品检测档案、销售档案、用工档案等。

(2) 档案的分析与利用 档案的记载是一方面，更重要的是会对记载的档案进行分析，进而应用在园区的管理中。比如对每个生产区域，或者每个生产温室的投入品、生产管理、用工和销售档案进行年终总结，可以从效益上对其进行单独核算，进而分析可以节本增效的途径，这些总结的经验或者教训可以在下一年度园区的管理中进行借鉴；通过对设施环境连续监测档案的分析，就可以找出设施环境变化的规律，哪个时间段容易出现低温或者高温危害，哪个阶段容易发生病害，这些可以运用到生产管理中；通过销售档案的分析，可以了解蔬菜产品价格的变化，对于合理安排茬口很有帮助。

第二部分

设施设计、建造与环境调控技术篇

SHESHI SHEJI、JIANZAO YU
HUANJING TIAOKONG JISHU PIAN

33. 设施建造前如何科学选址？

园艺设施所在位置决定了其性能、环境调控能力和经营管理方法等，因此应慎重而科学地选择设施的场地。总的来说应遵循以下 24 字原则：充分采光、避风向阳、土壤肥沃、靠近水源、交通便利、避免污染。

(1) 要选择南面开阔、无遮阳的平坦矩形地块，可充分采光 朝向南面或东南方向的坡度小于 10°的地块较好。

(2) 要选择避风的地带 必须事先调查当地气象条件，如主导风向、风速、雪压等，避开风口且夏季不能窝风。

(3) 要选择土壤肥沃，有机质含量高，无盐渍化和其他污染源的优质地块 最好选择沙壤土，3~5 年未种植过蔬菜的地块，可减少土传病害。同时要注意选择地基土质坚实的地方，否则修建在地基土质软，如新填土的地方或沙丘地带，基础容易动摇下沉，建造时需加大基础或加固地基，增加造价。

(4) 要选择靠近水源，水源丰富，水质好的地方 因为温室和大棚主要是利用人工灌水，水质不好不仅影响作物的生育，而且也会降低锅炉等配套设施的寿命。

(5) 要选择离道路、居民点、高压线较近的地方 这样不仅便于生产管理和产品运输，而且有充足的劳动人员。另外，温室和大棚的实际生产中常常需要用电，因此，应考虑电力供给、线路架设等问题，要力争进电方便，路线简捷，并能保证电力供应，在有条件的地方，可以准备两路电或自备一些发电设施，供临时应急使用。

(6) 要避开周边污染源，不把设施建在有污染工厂的下风向或河道下游处 温室和大棚地区的土壤、水源、空气受到污染，都会给园艺作物生产带来很大危害，影响产品的内涵品质。当然，如果这些工厂对污水和排出的有害气体进行了处理，那么依然可以建造温室和大棚。

34. 常见园艺设施类型有哪些?

园艺设施是指利用专门的保温防寒或降温防热材料、设备,人为地创造出适合作物生长发育的小气候条件,性能较为稳定,不受或少受自然环境气候的影响,可进行作物栽培和生产的建筑或结构。

我国劳动人民在长期的农业实践和探索中,形成了我国特有的以节能简易、高效实用为特点的一系列保护设施,包括风障畦、阳畦、温床、地膜覆盖、小拱棚覆盖等简易保护设施,遮阳网室、避雨棚、防虫网室等越夏栽培设施,塑料大棚、日光温室和连栋玻璃温室等大型保护设施。这些园艺设施不仅具备冬季防寒、保温、加温功能,而且可起到夏季的防暑降温、避雨、防风、保护环境等作用。主要可分为简易园艺设施、越夏设施、塑料薄膜拱棚、日光温室和现代连栋温室几类。

简易园艺设施主要包括地面简易覆盖和近地面覆盖两大类。地面简易覆盖有沙石覆盖、秸秆和草粪覆盖、泥瓦盆覆盖、浮动覆盖、地膜覆盖;近地面覆盖包括风障畦、阳畦、温床等。

越夏栽培设施主要是针对夏季高温、强光照、强风暴雨多、雨量大、病虫害发生严重等问题,利用遮阳网、防虫网、防雨棚进行栽培,实现园艺作物夏季正常生产,弥补"伏缺"的栽培设施。

塑料薄膜拱棚,也叫冷棚,是以塑料薄膜作为透明覆盖材料覆盖于骨架上而形成的拱圆形或屋脊形棚体。塑料薄膜拱棚主要运用太阳光和温室效应进行增温,有一定保温能力,并可通过卷膜在一定范围内调控棚内温度和湿度。具有结构简单、建造容易、造价较低、作业方便、土地利用率高等特点,能一定程度上改善作物的温、湿度等环境条件，提早或推迟作物的栽培时间，增产增收和防御自然灾害效果明显，但在北方地区不能进行越冬栽培。生产中经常按照规格尺寸大小将其分为小拱棚、中拱棚和塑料大棚。

日光温室也称节能日光温室，是一种充分利用太阳能光热能源，前屋面覆盖透光材料，为主要采光、透射能源屋面，后墙和东西山墙为保温蓄热围护结构，并有保温后屋面和可移动保温覆盖物的单栋温室。日光温室具有保温蓄热结构和外保温覆盖物，能对太阳能吸收实现蓄放热，有效减少热量损失，在寒冷地区一般不加温可进行蔬菜越冬栽培，较塑料大棚能更有效地调控室内环境，是我国独有的园艺设施。

现代连栋温室主要是指环境基本不受自然气候的影响、可自动化调控、能全天候进行园艺作物生产的连接屋面大型温室。此类温室配备有自然通风系统、幕帘系统、加温系统、降温系统、补光系统、灌溉和施肥系统、计算机控制系统等调控环境的系统，能实现温室内环境根据作物的生理需要和生长阶段进行环境调控，但是建造成本大、能耗高、技术要求高，主要用于育苗、花卉栽培等。

35. 园艺设施应满足哪些基本要求？

园艺设施主要是为园艺作物生产而设计建造的，不同于一般的建筑物，有自身独有的特点和要求。

（1）功能要求 园艺设施是栽培蔬菜、瓜果和花卉等作物的场所，必须满足作物生长发育的要求。白天保证能提供充足的光和热，能充分利用太阳光能，夜间应有良好的密闭保温性能，条件较高的棚室还应具有加温设备、降温设施，随作物不同的生育阶段和天气季节的变化，能调控设施内小气候，特别是秋冬季的低温弱光，夏季的高温高湿等不利环境因素，所以要求园艺设施结构合理、环境容易调控。同时，园艺设施内有人员和机械进行劳动作业，室内应有足够大的工作空间，合理的设施结构应减少或取消内部立柱，便于室内人员和机械作业。

(2) 节能要求 通过合理的设计和构造，增大透光率，提高设施结构的保温性能，增加设施内蓄热能力，使温室能最大限度地吸收和利用太阳能，减少热量的流失，最有效地利用太阳能，减少能源的消耗，达到节能的目的。

(3) 安全性要求 为了使设施能充分采光，一般要求结构使用强度高、截面积尽量小的骨架材料，以减少结构阴影的遮光面积。为了减少材料用量，降低造价，设施结构还应简单、自重小。但是园艺设施在使用过程中经常会受到各种各样的外力作用，例如结构自重、作物吊重、大风、积雪等。所以设施还应该满足安全性的要求，在正常使用时，要求设施在这些外力作用下不应发生破坏，具有防灾能力。一般设施防灾按三道防线考虑，即"小灾不坏，中灾可修，大灾不倒"。

(4) 成本要求 园艺设施生产的农产品附加值不高，这就要求尽量降低设施建筑和管理费用。实际生产时，应根据当地的气候条件选择适用的园艺设施类型，根据经济情况考虑建筑规模和设计标准。

(5) 标准化和装配化要求 通过构配件的标准化，不同的设施采用系列化、标准化的构配件组装而成，实现温室的工厂化、装配化生产，才能使设施的制作和安装得到简化，缩短建设周期，降低生产和维护成本，提高生产效率。

36. 设施中的透明覆盖材料应满足哪些要求？

透明材料有很多，但是园艺设施中使用的透明材料均应满足以下基本要求：良好的透光性、较高的密闭性、较好的保温性和防雾滴性，具有较强的耐候性和强度以及较低的成本等。

(1) 透光性　透明覆盖材料的透光性决定着设施的采光性能，直接影响着设施内光合作用效率和温度的高低。

透明覆盖材料的透光性应满足光质和光量两方面的要求。太阳光中主要有紫外线（<380 纳米）、可见光（380～780 纳米）、近红外线（780～3 000 纳米）和红外线（>3 000 纳米），这些不同射线通过覆盖材料进入设施内部时会因反射、吸收等原因而减少，不同波长的太阳光透过覆盖材料的比例决定着覆盖材料的各种性能，也影响着设施内的作物。透光覆盖材料应根据功能让不同光谱区的射线选择性的通过。可见光是作物光合作用有效合成所需要的光谱区，近红外线有热效应。因此，透光覆盖材料应该让可见光和近红外线尽可能多地通过，提高其通过率，有利于作物的光合作用和设施内温度的升高。紫外线能抑制作物徒长，有助于花青素的形成和昆虫的发育，但是紫外线会使覆盖材料老化，还会促进一些病原菌的生长。综合考虑下，应在透明覆盖材料中添加特定的紫外线阻隔剂、吸收剂或转光剂，将 350 纳米以下的紫外线全部去除掉，既延缓了薄膜的老化又满足作物正常生长的要求。

(2) 保温性　园艺设施要求透明覆盖材料应有较好的保温性，以减少低温季节生产的能源消耗。覆盖材料的远红外线透过率决定着其保温性能。远红外线透过率越高，保温性能越差，反之，则保温性能越好。因此，为了提高透明覆盖材料的保温性能，应在生产材料时添加红外线阻隔剂，阻挡热辐射散热。

(3) 防雾滴性　设施内常常是高湿度的情况，当温度降低时，水蒸气凝结成水，可能在设施内形成雾气或在覆盖材料内表面形成结露。雾气弥漫或表面结露可使透明覆盖材料的透光率降低 10% 左右，而且雾气和露滴容易沾湿作物茎叶，导致病害的发生和蔓延。为避免这一问题出现，生产中可在透明覆盖材料中添加防雾滴剂，增强表面亲水性，使露滴在薄膜表面形成一道水膜，顺薄膜流走。防雾滴性具有持效期，国产棚膜防雾滴持效期一般在 4 个月，最好的在 6～8 个月，进口棚膜持效期较长，可与寿命同步。

(4) 耐候性　耐候性是指透明覆盖材料在生产使用过程中，受阳光照射、温度变化和风吹雨淋等作用影响表现出的抗老化性能。透明覆盖材料在上述作用下，会出现褪色、龟裂、粉化、强度降低等现象，所以耐候性关系到透明覆盖材料的使用寿命。为了抑制材料的老化进程，可在生产材料时加入光稳定剂、热稳定剂、抗氧化剂和紫外线吸收剂等助剂，成为有防老化功能的覆盖材料。

(5) 强度　透明覆盖材料作为园艺设施的围护物，常年暴露在大自然中，必须结实耐用，具有一定抵抗风、积雪、暴雨的压力和抗冲击能力，同时还应经得起运输和安装过程中承受的挤压拉伸作用。因此，覆盖材料必须具有一定的强度，对于塑料薄膜要求有一定的纵向和横向的抗拉伸强度，横向和纵向的断裂拉伸率，对于硬质塑料板材要求有一定的抗冲击强度。

37. 设施中常用的透明覆盖材料有哪些？

设施中常见的透明覆盖材料主要有塑料薄膜、硬质塑料板材、玻璃，其中塑料薄膜使用最为广泛。

(1) 塑料薄膜　塑料薄膜根据基础母料不同，可分为聚乙烯塑料薄膜（PE）、聚氯乙烯塑料薄膜（PVC）和乙烯-醋酸乙烯塑料薄膜（EVA）。

普通聚氯乙烯（PVC）薄膜是由聚氯乙烯树脂添加适量增塑剂后经高温压延而成，其特点是初始透光性好，阻隔远红外线，保温性强，柔软、易造型，好黏接，耐候性好。缺点是：使用一段时间后聚氯乙烯薄膜内增塑剂析出，使其透明度降低，加上薄膜表面的静电性较强，膜面易粘尘土，透光率严重下降；密度大（为 1.41 克/厘米³ 左右），同一重量棚膜覆盖面积较聚乙烯膜（PE）减少 1/3，成本高；低温下变硬脆化，高温下又易软化松弛，棚膜容易受风害。在薄膜生产过程中可添加光稳定剂、紫外线吸收剂、表面活性剂以提高其相应性能，形成聚氯乙烯长寿无滴膜、聚氯乙烯长寿无滴防尘膜等功能型聚氯乙烯薄膜。

聚乙烯（PE）薄膜是由低密度聚乙烯（LDPE）树脂或线型低密度聚乙烯（LLDPE）树脂吹制而成，除作为地膜使用外，也广泛作为外覆盖和多重保温覆盖使用，是我国当前主要的农膜品种。其优点是密度小、柔软、易造型、透光性好、无毒。其缺点是：易老化、寿命短，保温性差，不易黏结。与聚氯乙烯薄膜相比，聚乙烯薄膜具有比重轻（0.95 克/厘米³，PVC 为 1.41 克/厘米³）、幅宽大、无增塑剂析出、吸尘少等优点，另外，使用一段时间后透光率不会明显下降。但是聚乙烯薄膜对紫外线的吸收率较聚氯乙烯薄膜要高，容易加速薄膜的老化，大多数聚乙烯薄膜的使用寿命要比聚氯乙烯薄膜短。生产薄膜时必须加入耐老化剂、无滴剂、保温剂等添加剂改性，形成聚乙烯长寿无滴膜、聚乙烯多功能复合膜、薄型多功能聚乙烯膜等功能型聚乙烯薄膜，才适应于设施生产的要求。各种功能型聚乙烯薄膜是我国目前使用最普遍的薄膜种类，适用于夜间保温要求较高的地区和棚室。

EVA 是指乙烯-醋酸乙烯共聚树脂，随着 VA（乙酸乙烯）含量的增加，EVA 薄膜透光性增加，透光率增大。在光合作用有效区段，乙烯-醋酸乙烯塑料薄膜初始透光率接近 PVC 薄膜，高于 PE 薄膜，且透光率不随时间显著降低。EVA 膜对紫外线的阻隔率高于 PE 膜，强度和耐候性方面 PVC＞EVA＞PE。EVA 膜对于红外线区域的透过率介于聚氯乙烯薄膜和聚乙烯薄膜之间，故保温性方面 PVC＞EVA＞PE。EVA 膜具有弱极性，与防雾滴剂具有良好的相容性，防雾滴持效期长。因此，EVA薄膜具有透光率高，透光性能持久，耐老化、耐低温，保温性能好，防雾滴持效期长等优点。

乙烯-醋酸乙烯（EVA）多功能复合薄膜是以 EVA 为主原料添加多种助剂等制造而成的多层复合薄膜。其外表层一般以聚乙烯（PE）或乙烯-醋酸乙烯（EVA）树脂为主，添加防老化、防尘等助剂，增加其耐候性并防止防雾滴剂析出；中层和内层分别以高含量 VA 和低含量 VA 的 EVA 为主，并添加保温剂和防雾滴剂，以提高其保温性能和防雾滴性能。所以，乙烯-醋酸乙烯多功能复合膜在初始透光率接近聚氯乙烯薄膜，且透光性随时间衰减缓慢；耐候性好、机械强度高，寿命长，可达 3～5 年；保温性能好，冬季棚室内温度夜间可比 PE 膜高 1～1.5℃，白天高 2～3℃；防雾滴性能持久，持效期可达 8 个月以上。乙烯-醋酸乙烯多功能复合膜既克服了聚乙烯薄膜防雾滴持效期短和保温性差的缺点，也克服了聚氯乙烯薄膜比重大、幅宽窄、易吸尘、透光率下降快和耐候性差的问题，性能优良。而且，EVA 多功能复合膜老化前不变形，可方便回收，不易造成土壤或环境污染。目前，市场上还有很多类似的复合薄膜，如 PEP 利得膜、PO 膜等，由于其性能优异在生产中应用越来越多。

（2）硬质塑料板材 硬质塑料板不仅具有较长的使用寿命，而且具有透光率高（可见光的透过率一般可达 90％以上）、抗冲击能力强、质量轻等优点，是连栋温室和塑料大棚中常用的透明覆盖物。硬质塑料板有平板和波纹板之分，目前大多以丙烯树脂（FRA、MMA）板和聚碳酸酯树脂（PC）板为主。以常见的聚碳酸酯板为例，聚碳酸酯板也叫阳光板，是由挤出型的聚碳酸酯原料经熔融状态挤压成型的中空塑料板材。聚碳酸酯板的特点有：透光性能优异，透光率可达 90％，且衰减缓慢；保温性好，比一般玻璃节能 35％以上；抗冲击强度高，是普通玻璃的 40倍；耐热耐寒性好，可在-40～120℃温度范围内使用；使用寿命在 15 年以上，且质量轻，仅为玻璃的 1/5。其缺点是板内中空部分容易进入灰尘和水汽，无法清除，使用时间久了会严重影响其透光性；且成本高，是常见塑料薄膜的 5~8 倍。

(3) 玻璃 玻璃是塑料薄膜普及之前使用最多的透明覆盖材料。玻璃的采光性能好且透光率随时间衰减较少。普通玻璃的可见光透过率为 90% 左右；2 500 纳米以内的近红外线透光率很高，达 80% 以上；对 330~380 纳米的近紫外线有 80% 左右的透过率。由于玻璃可吸收几乎所有的远红外线，夜间的长波辐射所引起的热损失很少，保温性能非常好。另外，玻璃还具有使用寿命长（20 年以上）、耐候性好、防尘和防腐蚀性好等优点，是一种良好的透明覆盖材料。但由于玻璃的比重大，对固定支架的坚固性要求较高，而且不耐冲击、易破损、造价高，因而限制了其推广应用。

38. 设施中有哪些新型塑料薄膜？

设施中的新型透明覆盖材料主要从改变薄膜的透光均匀性、透光光质等方面入手，根据调控目标改善薄膜透光性能，达到增产、增收、增质的目的。

(1) 漫反射薄膜 漫反射薄膜通过在聚乙烯等母料中添加调光物质，使直射光进入大棚后形成更均匀的散射光，且透光率并不受影响，作物受光均匀，设施中的温度变化减小，可促进植物的光合作用。

(2) 转光膜 转光膜通过在聚乙烯等母料中添加光转换物质和助剂，将太阳光中的对光合作用贡献较小的紫黄光、绿黄光转化为红橙光和蓝紫光，转换率可在 80% 左右，增强棚膜对有效光的透过率，有效增强光合作用。而且，转光膜还具有较普通薄膜更优越的保温性能，可提高设施中的温度，具有增温增产作用。

(3) 有色膜 有色膜通过在母料中添加一定的颜料以改变设施中的光环境,创造更适合光合作用的特定光谱,从而达到促进植物生长的目的。这方面虽然有很多的研究,但由于其性能不稳定,加上加入颜料后造成总透过率降低,限制了有色膜在生产上的使用。

(4) 红光/远红光转换膜 转换膜主要通过添加红光或远红光的吸收物质来改变红光和远红光的光量子比率,从而改变植株特别是茎的生长。红光远红光比率越小,茎节间长度越长,生产中可利用这类薄膜在一定程度上调节植株的高度。

(5) 近红外线吸收薄膜 近红外线吸收薄膜通过在 PVC、PET、PC 和 PMMA 等薄膜中添加近红外线吸收物质,从而可以减少光照强度和降低设施中的温度,但这类薄膜只适合高温季节使用,不适合冬季或寡日照地区使用。

(6) 光敏薄膜 光敏薄膜通过添加银等化合物,使本来无色透明的薄膜在超过一定光强后变成黄色或橙色等有色薄膜,从而减轻高温强光对植物生长的危害。

(7) 温敏薄膜 温敏薄膜利用高分子感温化合物在不同温度下的变浊原理,当超过一定温度时,薄膜会变浑浊,透光率降低,减少设施中的光照强度,降低设施中的温度。温敏薄膜是解决夏季高温替代遮阳网等材料的重要技术,许多国家正在积极研究开发,投入使用较少。

39. 什么是电热温床?

电热温床是在棚室内栽培床上做畦布线,利用电能生热,使床土温度升高并保持在一定范围内的育苗设施。

电热温床加温效果好并且均匀,热效率高,调节灵敏,使用时间不受季节限制,可根据作物的种类和天气条件通过控温仪来调节温床内温度,能促进作物生长发育,使根系发达、缩短苗龄，有利于培育壮苗。

电热温床由育苗畦、隔热层、散热层、床土、保温覆盖物和电热加温设备等组成（图1）。

育苗畦结构与普通阳畦相同，面积根据电热线功率大小确定。隔热层是在电热线下面铺一层稻草、麦秸、木屑、稻糠等隔热材料，减少床内热量向下部扩散损失。若原本地温高于10℃，可不设隔热层。散热层是在隔热层上面铺2～3厘米的细沙，将电热线埋在其中，使电热线产生的热量快速均匀地传递至床土。床土可采用营养土、育苗盘或营养钵，播种床土厚8～10厘米，放置育苗盘或营养钵的床土厚1～2厘米。床基上可加盖塑料小拱棚做保温覆盖物。

电热加温设备主要包括电热线、控温仪、交流接触器和电源。电热线由电热丝、引出线和接头三部分组成。控温仪以热敏电阻做感温触头，以继电器控制输出，使用时，将感温触头插入苗床中，当苗床温度低于设定值时，继电器接通，进行加温；大于等于设定值时，继电器断开，停止加温，实现自动控温。

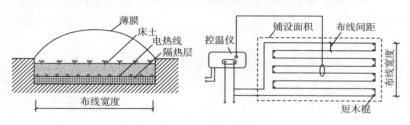

图1　电热温床布线示意图

40. 怎样铺设电热温床？

（1）选择电热线　苗床单位面积上所需铺设的电热线功率称为电功率密度。早春利用电热温床进行果菜类蔬菜育苗时所需电功率密度可参考表1。

表1　电热温床电功率密度选用参考值（瓦/米²）

设定地温（℃）	基础地温（℃）			
	9～11	12～14	15～16	17～18
18～19	110	95	80	—
20～21	120	105	90	80
22～23	130	115	100	90
24～25	140	125	110	100

总功率是指温床所需电热加温的总功率。总功率和电热线的额定功率密度决定了电热线数量。

总功率（瓦）＝电功率密度（瓦/米²）×苗床总面积（米²）

电热线数量（根）＝总功率（瓦）/额定功率（瓦/根）

注意：电热线不能剪断，因此计算处的电热线数量必须取整数。

例如，温床所在地温为10℃，目标地温为20℃，苗床面积为10米²。查表1可知：电热温床所需热功率密度应为120瓦/米²，则电热温床所需总功率为120×10＝1 200瓦，需要电热线为1 200/600＝2根。

（2）确定电热线的往返次数和布线间距　铺设电热线前应确定电热线的往返次数和布线间距，为了方便连接控温仪（图1），要使两个线头落在苗床的同一侧，布线往返次数应取偶数。

一根电热线的铺设面积（米²）＝电热线的额定功率（瓦）/
电功率密度（瓦/米²）

一根电热线的布线宽度＝一根电热线的铺设面积/温床宽度

一根电根电热线的往返次数（取偶数）＝（电热线长度－2×
铺设宽度）/温床长度

布线间距＝铺线宽度/（电热线铺设往返次数＋1）

（3）制作床基　电热温床一般宽1.5～2米，长5～10米。

在规划好的温床位置，下挖 15～20 厘米，表土堆放一边待用。将床底整平，铺上 5～10 厘米碎稻草、麦秸、木屑、稻糠作隔热层，然后铺一层塑料薄膜，薄膜上压 3 厘米厚床土，用脚踩实，待铺电热线。

（4）铺设电热加温设备　布线前，先按计算好的布线间距在温床两头插入小木棍，露出 6～7 厘米，为使床内温度均匀，温床两侧的布线间距可适当小些。布线由 3～4 人共同操作，两人分别在温床一端将电热线挂在小木棍上，中间 1～2 人往返放线。布线时要逐步拉紧，做到平、直、匀，紧贴地面，电热线不能松动或交叉，防止短路。经通电试用后，先覆土 2～3 厘米，经踏实以固定所铺电热线，再将剩余床土均匀铺上，耙平。然后将控温仪接入，苗床面积在 20 米² 以下，总功率不超过 2 000 瓦时，只安装一台温控仪即可。

注意：土壤电热线只能用于土壤加温，不能在空气中使用；电热线的额定功率是固定的，不能截短也不能接长；同时使用多条电热线时只能并联不能串联；布线应均匀，不得交叉、重叠、打结；电热线铺设好后应先通电试用，再进行后续铺设工作。

41. 怎样利用防虫网进行园艺作物生产？

防虫网是以高密度聚乙烯为原料，添加防老化、抗紫外线等助剂经拉丝后编织而成的网状织物，具有质轻、抗拉强度大、抗热、耐老化、耐腐蚀、无毒无味、使用寿命长、易收纳、废弃物易处理等优点。

防虫网可起到防虫，防暴雨冰雹，减少机械损伤的作用，能有效预防棚内虫害和病毒病的发生和蔓延，基本实现不打农药。防虫网全封闭栽培蔬菜在南方使用较多，可满足广大消费者对无污染、高营养、绿色有机蔬菜的需求，同时减少了农药对环境的影响。

防虫网的颜色有白色，银灰色，黑色等。生产中常用的防虫网，以白色为主。防虫网网眼的密度大小用目（每 2.54 厘米 × 2.54 厘米的网眼数目）来描述。园艺作物栽培生产中常用的防虫网数量是 10～50 目。以 16 目、20 目、24 目使用最多。在选择防虫网时，首先要确定防治什么害虫，目数过小，网眼太大，起不到防虫效果；目数过大，网眼过小，会增加防虫网的成本，同时增大通风阻力，影响采光通风。

防虫网的覆盖方式有全棚覆盖和部分覆盖。全棚覆盖是利用防虫网替代塑料薄膜，将大棚完全覆盖起来，形成严密整体，起到防虫、防暴雨冰雹等作用；还可以结合顶部覆盖黑色遮阳网使用，起遮阳降温作用。部分覆盖是将防虫网覆盖在设施的通风口和门等开口地方，起到防虫作用。

常见的防虫网室（图 2）四周砌筑高度 300 毫米左右的砖砌矮墙，砖墙厚度一般为 240 毫米，墙下基础为砖砌条形基础，中间为高度 300 毫米左右的混凝土柱，下为钢筋混凝土独立基础；柱子矮墙上面是钢柱、钢梁、柱间支撑及屋面支撑系统组成的承重体系。整个承重结构为轻型钢结构，在基础上预留螺栓，工厂

图 2　防虫网室结构

化焊接加工，热镀锌处理，现场进行组装，与基础连接牢固。使用卡槽和卡簧固定防虫网，在卡簧和防虫网间垫一层旧薄膜或防潮纸，以保证防虫网寿命。为方便安装和拆卸，网室顶部和四周的防虫网应各为单独部分进行覆盖。

防虫网室建造前应对土壤进行深翻，晒垡消毒，杀死土传病害，切断传播途径，同时施足基肥。

42. 怎样利用遮阳网进行园艺作物生产？

遮阳网又称遮阴网、遮光网，是以聚乙烯、聚丙烯等为原材料，经加工编织而成的一种网状材料，具有质量轻、强度高、耐老化、便于卷铺等特点。遮阳网可起到削弱光照强度，降低气温、地温和叶温，防暴雨冲刷，减弱台风侵袭，防旱保墒，防寒防冻，防虫防病的作用。

遮阳网被广泛用于越夏栽培，通过遮阳网覆盖，将光强调节至光饱和点上下，可明显提高叶片的光合速率，能有效克服光抑制。使早熟的茄果类蔬菜延长收获 $30\sim50$ 天，能明显增加夏季蔬菜的（黄瓜、莴苣、芹菜）产量；可使早秋菜（花椰菜、甘蓝、大白菜、茼蒿等）提前 $10\sim30$ 天上市，实现增产增收。遮阳网价格在 $1\sim3$ 元/米^2，虽一次性投入大，但可连续使用 $3\sim5$ 年，年折旧费用仅为传统遮光草帘的 $50\%\sim70\%$。

生产上常用的遮阳网以黑色和银灰色为主，以透光率 $35\%\sim55\%$ 和 $45\%\sim65\%$ 两种应用最多。黑色遮阳网遮光率高，降温快，宜在炎夏需要精细管理的田块短期性覆盖使用；银灰色遮阳网遮光率低，且具有避蚜驱虫的作用，适于喜光蔬菜和长期性覆盖。

生产中必须科学合理地选择遮阳网，应当根据当地的自然光照强度、作物的光饱和点、控制目标的需要和覆盖栽培的管理方法选用适宜透光率的遮阳网，满足作物正常生长发育对光照的要求，不可随意选择。例如，夏季晴天室外太阳光照强度一般在 8

万～10万勒克斯，辣椒的光饱和点为3万～4万勒克斯，这类光饱和点低的作物可以选择遮光率高的遮阳网，如遮光率在50%到70%的遮阳网，以保证棚内光照强度在3万勒克斯左右；而黄瓜的光饱和点为5.5万勒克斯，这类光饱和点比较高的蔬菜，则应选择遮光率比较低的遮阳网，如遮光率在35%到50%的遮阳网，以保证棚内光照强度在5万勒克斯左右。在蚜虫和病毒病危害严重的地区，可选择银灰色遮阳网。育苗时最好采用黑色遮阳网。

遮阳网覆盖栽培的方式一般有浮面遮阳覆盖（图3）、平棚遮阳覆盖、中小拱棚遮阳覆盖（图4）、塑料大棚遮阳覆盖（图5）和温室遮阳覆盖等。

图3　浮面覆盖示意图（引自李世军，2003）

A. 播种后至出苗前　B. 定植后至活棵前

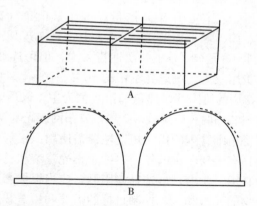

图4　矮平棚、小拱棚覆盖示意图（引自李世军，2003）

A. 矮平棚　B. 小拱棚

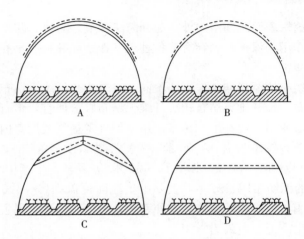

图 5 大棚遮阳网覆盖方式（引自李世军，2003）

A. 一网一膜外覆盖 B. 单层遮阳网覆盖 C. 二重幕架上覆盖

D. 大棚内利用腰杆平棚覆盖

在使用遮阳网时，要根据天气状况变化管理遮阳网，昼盖夜揭，35℃以上晴天，8：00～18：00 盖；30℃以上晴天 9：00～17：00 盖，25℃以下不盖，阴天不盖；雷阵雨前盖，过后揭。切忌只盖不揭，一揭到底的做法，否则会产生负面效应。

实践表明：遮阳网覆盖栽培夏白菜在商品性和产量上均优于露地，但内涵营养品质（蛋白质、维生素 C 等）明显不如露地，可采取采收前 5～7 天揭网，改善作物光合作用，提高产品品质。

43. 怎样利用无纺布进行园艺作物生产？

无纺布又称不织布、丰收布，是以聚丙烯聚酯长纤维等纤维材料，通过熔融纺丝，堆织布网，热轧黏合，最后干燥定型而成的棉布状材料。具有透光、保温、吸湿、保湿、透气等特点，而且质轻柔软，具有弹性、易收放，寿命一般为 3～4 年，可直接覆盖在植株表面或棚室内外，起到防旱保墒、防风、防寒、除湿防病等作用，保护冬、春季节各种越冬作物和晚秋或早春作物免受霜冻寒害。

无纺布按原料和制作方法不同，可分为长纤维无纺布和短纤维无纺布，长纤维无纺布较短纤维无纺布轻薄便宜，多直接用作浮面覆盖使用；短纤维无纺布适用于做外覆盖物或棚室内覆盖。

无纺布按重量有 15 克/米^2、20 克/米^2、30 克/米^2、40 克/米^2、60 克/米^2、80 克/米^2、100 克/米^2 等多种，生产中 20～30 克/米^2 的无纺布用量最多，主要用于浮面覆盖；40～100 克/米^2 的主要用于棚室内外覆盖。按照颜色，可分为白色、黑色、银灰色等，生产上白色最为常用。

无纺布的覆盖方式主要有浮面覆盖（图6）、外保温覆盖、棚室内覆盖（图7）、单株覆盖（图8）等。

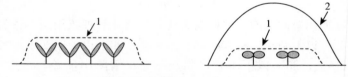

图 6　无纺布做浮面覆盖（引自李世军，2003）

1. 无纺布　2. 大棚

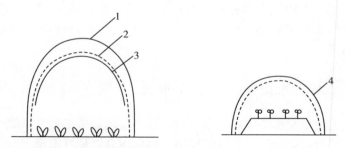

图 7　无纺布做内覆盖示意图（引自李世军，2003）

1. 大棚膜　2. 无纺布　3. 支架　4. 小棚膜

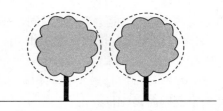

图 8 无纺布单株覆盖果树示意图（引自李世军，2003）
注：虚线部分为无纺布。

无纺布可用于越冬蔬菜保温防冻，果菜类早熟栽培，果树防冻和套袋防虫防鸟害。利用无纺布覆盖小白菜、菠菜等越冬叶菜，产量可比露地增加 2～4 倍，且菜叶青绿，株型开展，商品性状明显提升。柑橘采摘期利用无纺布罩套，可防霜冻，延长采收期，能有效抵抗寒流，避免因天气原因集中采收，错开集中上市时间，获得更大经济效益。

44. 怎样利用防雨棚进行园艺作物生产？

防雨棚也叫避雨棚，是指在多雨的夏秋季节，利用塑料薄膜等覆盖材料，盖在大棚顶部，四周通风不覆盖或覆盖防虫网，使作物免遭雨水直接淋洗，改善棚内小气候的一种栽培设施。利用防雨棚可进行夏季蔬菜和果品的避雨栽培或夏季育苗。

防雨棚可改善棚内光照、温度和湿度等小气候环境，适宜作物生长。防雨棚下部植株范围内温度降低 2～3℃，10 厘米处地温比棚外低 4～5℃。棚内空气湿度较为稳定，连阴天为 90％左右，晴天也接近 80％。可促进植株坐果 70％以上，防止落果，提高品质，增产增收。同时，可减少真菌传播，减少日灼病、病毒病等病害的发病率和病情指数，降低喷药次数，利于优质无公害生产，商品性状好。

防雨棚可采用大棚和小棚两种形式。大棚可采用单栋和连栋两种形式（图9），结构与普通塑料大棚相同，棚宽一般为6～8米，棚高3～3.2米，在大棚肩部以上覆盖薄膜，四周敞开或覆盖防虫网，避雨面积大，是避雨栽培的主要形式。小棚结构简单，投资少，容易建造，可就地取材，利用竹木搭设防雨棚框，也可购买轻型钢管预制防雨棚框。

图9　大棚避雨棚

防雨棚在北方葡萄栽培中较为常用，可起到防止落果烂果，降低病害的作用。常见的葡萄避雨栽培是利用双十字V形架和单壁架，一行葡萄搭建一个避雨棚（图10）。将葡萄栽培架柱加高至2.3米左右，每根立柱高度一致。在每根立柱距柱顶40厘米位置处架一根横梁，横梁长度一般为1.8米，可完全覆盖葡萄植株。葡萄行两头和中间的葡萄架柱每隔一段距离应用通长的竹竿或钢管连在一起，以增加避雨棚的整体性。沿葡萄栽培行方向在大棚立柱上部和横梁左右两端牵拉铁丝，分别为一条顶丝，两条边丝。将毛竹片弯成弧形，中间与顶丝绑扎固定，两边与边丝绑扎固定，形成棚架结构。将塑料薄膜用夹子固定于边丝上，用压膜带或塑料绳在上部压住塑料薄膜，压带固定于边丝上。

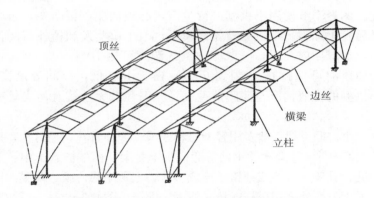

图 10　葡萄防雨棚结构示意图（引自李世军，2003，做修改）

防雨棚建造时所使用塑料薄膜以使用过的旧膜较为理想，若使用新膜应做打磨处理或覆盖后涂石灰乳，降低新膜的透光率。棚膜通常只覆盖至棚室肩部，距离地面 1 米左右，以保证有效通风。棚室四周应挖好排水沟，排水沟深 0.4 米，宽 1 米，并连接田间排水干沟。

45. 怎样利用小拱棚进行园艺作物生产？

塑料薄膜小拱棚是以塑料薄膜作为透明覆盖材料的小面积棚体。棚体宽度一般 1~2 米，高 1~1.5 米，人员不能进行直立行走；但结构简单、体型较小、负载轻、取材方便，是普遍应用的一种简易保护地设施，主要用于早春早熟栽培、早春育苗或者建在大棚内与大棚温室配合做多层覆盖，提高棚室的保温防寒能力。

小拱棚的热源是太阳辐射，棚内的气温随外界的气候变化而改变；棚体空间小，缓冲能力差，在没有外覆盖的情况下，温度变化较大。晴天时增温效果明显，容易出现高温；阴、雨、雪天增温效果差，甚至会出现棚内温度低于室外温度的情况。冬春季节使用小拱棚进行生产，必须加盖草苫防寒，否则极易发生冻害。小拱棚覆盖薄膜后，因土壤蒸发和植株蒸腾作用，造成棚内高湿，一般棚内空气湿度可达 70%～100%，进行通风时可保持在 40% 到 60%。白天湿度低，夜间湿度高。小拱棚的光照情况与薄膜的种类、新旧和有无水滴及污染等有较大关系。

小拱棚骨架一般多用轻型材料建成，如细竹片，毛竹片，荆条或 6 毫米、8 毫米的钢筋等弯成拱形骨架，两端插入土中一定深度，骨架用竹竿或细铅丝连成整体，上覆塑料薄膜，薄膜四周压入土里，外部用压杆或压膜线固定薄膜。薄膜安装时，可在其上打小圆孔，调节棚室内温度和湿度。

常见的小拱棚有圆拱形和屋脊形两种（图 11）。圆拱形小拱棚多用于多风、少雨、有积雪的北方；南方为了方便排水，多采用双斜面屋脊形的小拱棚。

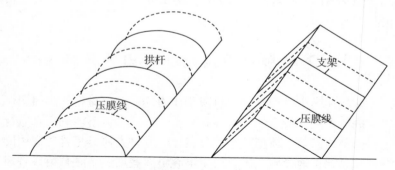

图 11　小拱棚结构示意图

46. 地膜覆盖有哪些作用？

地膜覆盖是紧贴栽培畦面覆盖一层极薄的农用塑料薄膜，为作物创造适宜的土壤环境的一种简易覆盖栽培技术。地膜覆盖主要有以下几方面的作用：

(1) 可提高地温 利用透明地膜覆盖，一般可使5厘米深表土层温度提高3～6℃，提高地温有利于早春蔬菜定植后迅速缓苗和促进根系生长。春季大棚内进行地膜覆盖，其增温效果十分明显，据测定，在春季大棚辣椒田中，地膜覆盖5～20厘米深土层日平均地温比单用大棚提高0.5～2℃。

(2) 可抗旱、防涝、防止盐分积聚 在覆盖了地膜的畦面上，雨水顺膜流入畦沟而被排走，土壤水分一般不至于过分饱和。不降雨时，土壤下层的水分可自下向上垂直运转，畦沟中的水也可沿畦边向畦中部横向转移，供给植株吸收。天旱时，薄膜阻碍了土壤水分蒸发，有保水作用，可减少灌溉次数。地膜覆盖后大大减少了土壤水分蒸发量，减少了盐分随水分沿土壤毛细管上升，可有效减少表层土壤返盐。据测定，土壤含盐量较高的地块覆盖地膜后，0～5厘米和5～10厘米土层全盐含量可以分别下降41.31%、2.24%。

(3) 提高土壤肥力，防止养分流失和土壤板结 地膜覆盖后，土壤温湿度适宜，通透性好，土壤最高温度可达30℃以上，土壤微生物增加，活性增强，可加速有机质分解和转化，促进土壤有益微生物的活动和繁殖，土壤中有效养分增加，肥力增强。由于地膜的阻隔，可防止土壤中氮素的挥发，防止雨水冲刷而造成的淋溶流失，起到保肥作用。在作物生长期，由于地膜覆盖使土壤表面减少了风吹雨淋及人在管理中的践踏，能使土壤保持较好的疏松状态，防止土壤板结。

(4) 有利于增强近地面株间的光照 由于膜本身和膜下水滴

的反射作用，作物群落中下部可增加 12％～14％的反射光，增强植株中下部叶片光合作用，增加作物产量，同时能促进果实着色，产品商品性提高。

（5）防病虫、杂草　银灰色薄膜的反光可驱除蚜虫，减轻病毒病。地膜覆盖后，减少了土壤蒸发量，可以降低大棚内空气相对湿度，减轻黄瓜霜霉病的发生。黑色地膜覆盖后，杂草无法进行光合作用，不能正常生长，可有效防除杂草。如果使用了除草地膜，可直接杀伤杂草。透明地膜在紧贴地面覆盖时，当杂草幼苗刚出土时就触及薄膜，在阳光下很容易被灼伤变黄死亡，也有防草的作用。

地膜覆盖广泛应用于设施内蔬菜瓜果栽培生产中，地面盖膜后，土壤的水、肥、气、热环境都得到改善，为蔬菜的生长创造了良好的土壤环境条件，能加速作物生长发育过程和根系发达，如可使茄果类、瓜类、豆类蔬菜比露地提早 5～10 天采收，使西瓜比露地栽培提早 10～15 天收获；应用于粮、油、林、果等露地作物上，比完全的露地栽培平均增产 30％到 40％，可获得显著的经济效益。覆盖地膜虽然增加了地膜本身和人工的成本，但另一方面，覆盖地膜后减少了追肥、中耕和除草等工作，减少了田间管理用工，提早上市占有价格优势，早期平均可比露地栽培的产量增加 50％以上，每亩地地膜需投入成本 80～100 元，收益远大于投资，是一种低成本，高效益，省工省力，节水节肥的先进实用农业技术。

47. 如何选择和铺设地膜？

生产中常用的地膜是聚乙烯农用塑料薄膜，根据色泽不同，可分为透明地膜或黑、绿、白、银灰、黑白或银黑双色等着色膜。透明地膜升温效果最好，但如果不能紧贴地面覆盖，膜下容易滋生杂草。黑色地膜主要用于防杂草，但增温效果不如透明膜。绿色地膜的增温和除草能力介于前两者之间。白色和银灰色地膜较透明地膜有一定的降低土温作用，并且可趋避蚜虫，抑制杂草。银灰色地膜、白色地膜、白黑和银黑双色地膜兼有避忌蚜虫、降低土温、防杂草等功能，适用于夏季栽培。

地膜的覆盖形式有平畦覆盖、高垄覆盖、高畦覆盖和畦沟覆盖（图12、图13）。地膜覆盖方式随气候条件不同而不同，北方干旱地区以平畦或高垄覆盖居多，南方多雨地区则以高畦栽培为主。

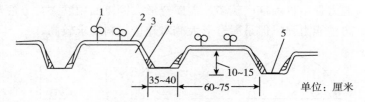

图12　高畦地膜覆盖示意图（引自张振武，1995）

1. 幼苗　2. 地膜　3. 畦面　4. 压膜土　5. 灌水沟

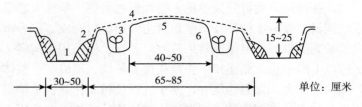

图13　沟畦地膜覆盖示意图（引自张振武，1995）

1. 畦沟　2. 压膜土　3. 幼苗　4. 地膜　5. 畦面　6. 定植沟

地膜覆盖时，整地施肥、做畦、覆膜一系列工作要连续，以保持土壤水分；整地作畦要精细，畦面要平整，盖膜紧贴土地，四周用土压实，防漏风透气。地膜覆盖机械现在已相当成熟，可方便高效地进行地膜铺设。

地膜覆盖后，在水肥管理上要留意，通常要在施足基肥基础上，采用膜下滴灌供水供肥技术，以提高地膜覆盖效果。地膜使用完毕后要注意回收清理，避免污染环境。

48. 常见的塑料大棚有哪些类型？

我国塑料大棚类型较多，分类形式有以下三种。

（1）按棚顶形状不同可分为拱圆形和屋脊形两种（图14），拱圆形又分为落地拱形和柱支拱形。拱圆形大棚对材料要求低，抗风能力强，目前推广较多；而屋脊形大棚屋面角度大，方便落雪，防雪能力强，但是屋脊形大棚对建造材料要求较高。

落地拱形　　　　柱支拱形　　　　层脊形

图14　拱圆形和屋脊形塑料大棚示意图

（2）按连接方式可分为单栋大棚和连栋大棚。单栋大棚是以竹木、钢材、混凝土构件及薄壁钢管为骨架材料制成，多为南北走向，采光效果好，但保温效果较差；连栋大棚是用天沟将2栋或2栋以上的单栋大棚连接，去掉连接处侧墙，形成一个整体空间，棚内空间大，保温性能好，便于进行机械化作业。单栋温室适用于品种多、管理分散、规划较小的场地；连栋大棚适用于管理集中、规划较大、集约化管理的场地（图15、图16）。

 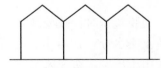

图15　拱圆形连栋塑料大棚示意图　　图16　屋脊形连栋塑料大棚示意图

（3）按骨架材料不同，可分为竹木结构大棚、钢筋焊接式大棚、钢筋混凝土拱架大棚、装配式镀锌钢管大棚等（图17、图18、图19）。

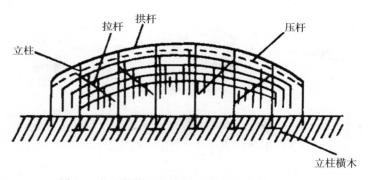

图 17　竹木结构塑料大棚（引自李世军，2003）

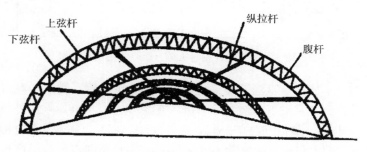

图 18　钢筋焊接钢拱架塑料大棚（引自李世军，2003）

49. 塑料大棚的性能和应用范围如何？

（1）塑料大棚的性能

温度：大棚有明显的增温效果　这是由于大棚覆盖能使太阳绝大部分短波辐射透入，能阻止地面绝大部分长波辐射透出而使棚内气温升高，称为"温室效应"。同时，白天土地积蓄热量，并向地中传热。

气温：棚内气温受外界条件影响有着明显的季节性差异　以黄淮地区为例，从 12 月下旬至 1 月下旬，棚内平均气温在 5℃

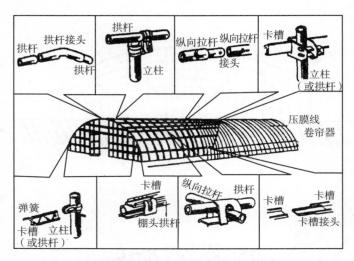

图 19　装配式镀锌钢管大棚（引自王惠勇，1981）

左右，不能从事喜温性蔬菜生产。2 月上旬以后，棚内气温日趋回升，到 3 月中下旬至 4 月中旬，气温可达 15～38℃，比外界高2.5～15℃，最低气温 0～3℃，比外界高 1～2℃。随着外界气温的升高，棚内和露地的温差为 6～20℃。5～6 月棚内最高温度可达50℃，若不及时放风，极易发生高温障害。当把"裙膜"揭起形成"天棚"遮盖时，棚内温度可比露地低 1～2℃。9 月中旬以前，最高气温在 30℃以上，有可能发生高温危害，夜间最低气温 15℃左右，属于适温。9 月中旬至 10 月中旬，最高温度 30℃左右，最低温度 15～16℃并逐步降低，基本属于适温时期。10 月中旬至 11月中旬，日温偏低，最高温度 20℃左右，夜温一般 3～6℃，有时甚至 0℃左右，这时应注意防霜冻。11 月下旬以后，大棚内长期出现霜冻，只能种植耐寒叶菜类，并维持其越冬。

棚内气温的昼夜变化比外界剧烈。最低气温一般比室外高1～2℃，平均气温比室外高 3～10℃。在晴天或多云天气日出前出现最低温度，迟于露地且持续时间短；日出后 1～2 小时气温即迅速升高，上午 7：00~10：00 升温最快，在不通风的情况下平均每小时上升 5~8℃；日最高温度出现在 12：00~13：00；14：00~15：00 时，棚温开始下降，平均每小时下降 3~5℃。夜间棚温变化情况和外界基本一致，通常比露地高 3~6℃。在阴天有风夜晚，有时会发生"棚温逆转"，也就是棚内温度低于外界，应特别注意。

大棚内气温变化特点是：随外界气温变化而变化；季节温差明显，昼夜温差大；晴天温差大于阴天，阴天气温上午升温慢，下午降温也慢；阴天增温效果不如晴天，春季增温效果比秋季好，秋季棚内温差大，易出现冻害。因此，根据大棚的增温和保温特点，为克服大棚四周冬春和秋延后栽培保温性的不足，应采取适当覆盖结构，增加双层覆盖或其他保温措施。

地温：棚内地温也存在季节变化和日变化　一天中棚内最高地温比最高气温出现的时间晚 2 小时，最低地温也比最低气温出现的时间晚 2 小时。以黄淮地区为例，大棚内 3 月初的地温尚低，对喜温菜提早定植不利；3 月上中旬，10 厘米地温多在10~17℃，黄瓜等喜温果菜已可进棚定植；4~5 月 10 厘米地温上升至 19~24℃，对黄瓜的生长结果有利。6~9 月地温多在 30℃以上，若不采取降温措施，不利于蔬菜的正常生长。到晚秋，外界地温显著下降，棚内地温仍能维持 10~21℃，适于秋延后栽培；入冬以后，露地封冻时，棚内地温仅保持 2~5℃，只有耐寒蔬菜可以生产和越冬。

光照：采光性好，光照水平和垂直分布有差异　大棚为全透光温室，采光面大，所以棚内光质、光照强度及光照时数基本上能满足需要。棚内光照状况受季节、天气、时间、覆盖方式、薄膜质量及使用情况等不同而有很大差异。垂直光照差别为：高处光照强，下部光照弱，棚架越高，下层的光照强度越弱。大棚内水平光照分布差异不大，南北延长的大棚东侧、中部、西侧光照分布差仅 1%左右；东西延长的大棚，南侧 50%，北侧为 30%，不如南北延长的大棚光照均匀。

由于建棚所用的材料不同，遮阳面的大小有很大差异。双层棚与单层棚相比，受光量减少 1/2 左右。钢架大棚受光条件较好，仅比露地减少 28%。

塑料薄膜的透光率，因质量不同而有很大差异。最好的薄膜透光率可达 90%，一般为 80%～85%，较差的仅为 70% 左右。使用过程中老化变质、灰尘和水滴的污染，会大大降低透光率。因此，在大棚生产期间要防止灰尘污染和水滴聚集，必要时要刷洗棚面。使用新型的耐老化无滴膜，会大大提高透光率，延长薄膜使用年限。

湿度：棚内空气湿度高 由于薄膜气密性强，当棚内土壤水分蒸发、蔬菜蒸腾作用加强时，水分难以逸出，常使棚内空气湿度很高。若不进行通风，白天棚内相对湿度达 80%～90%。夜间通风口关闭情况下常达 100%，呈饱和状态。空气湿度高常导致室内病害的发生和蔓延，因此，应特别注意调控大棚内湿度，理想状态下，白天为 50%～60%，夜间为 80% 左右。

(2) 塑料大棚的应用 在北方地区，塑料大棚主要用于作物的育苗和栽培，多用于春提早、秋延后的保温栽培。育苗时，冬末低温时期，可利用日光温室育苗，早春定植于塑料大棚内；早春可利用多层覆盖为露地早熟栽培育苗。利用塑料大棚进行春茬早熟栽培可比露地提早上市 20～40 天，主栽黄瓜、番茄、青椒及茄子等；秋茬延后栽培可延后采收期 20～25 天，主栽作物有黄瓜、青椒、番茄、菜豆等。在南方地区，塑料大棚除了可进行冬春季保温栽培，夏季可去除棚膜，更换成防虫网，顶部覆盖遮阳网，进行越夏栽培。

50. 塑料大棚应如何进行结构设计？

常见的拱形塑料大棚骨架主要由拱杆、纵向拉杆、立柱、骨架连接卡具等组成（图 20）。

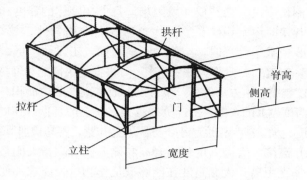

图 20 大棚结构示意图（引自王双喜，2010）

拱架是大棚骨架的主体，是主要的受力构件，承担风、雪以及结构自重的外力作用。

纵向拉杆将各拱架连接成为一个整体，形成网状结构，纵向拉杆数量多少，影响大棚整体性的好坏。立柱用于支承拱架，一般位于大棚的两侧面和端部，当棚架结构强度不够时，则需在内部设置立柱。立柱也需用拉杆将其连接起来，形成网状结构，增强其刚度。

大棚的结构参数包括方位、长度、跨度、高度、间距、棚头等，它们是一组相互影响的参数，应综合考虑多种影响因素，确定合理的结构参数。

（1）方位 大棚方位一般以南北走向为佳。东西走向大棚透光率高，但棚内各部位透光率不均匀，骨架部分死阴影较多。南北延长的大棚虽然较东西走向大棚透光率低，但是整个大棚采光均匀，植株长势一致，方便管理。塑料大棚间距应保证上午10：00时每栋大棚不互相遮阴和不影响通风为原则，南北向大棚间距应为檐高的 0.8～1.5 倍，而东西向大棚间距需达到檐高2.5～3 倍，可见采用东西走向的大棚群间距过大，土地利用率低。

(2) 长度 塑料大棚全长以 40～60 米为宜，不宜超过 100 米。大棚长度过大会造成通风困难，且大棚整体的强度和稳定性下降，栽培时灌水系统长度过大，影响灌水均匀性，效率低下，果实采收或栽培管理时，空跑的距离增加，工人效率低。

(3) 跨度 跨度多为 8～14 米，可根据地块情况和经济条件调整，跨度越小，单方均价高，相对投资成本高。单位面积相同的情况下，跨度越大的大棚，拱杆负载越大，安全性越低。在同样高度下，跨度越大，拱架弧度越小，棚膜不易扣紧，容易遭遇风害。

(4) 高度 大棚高度包括脊高和侧高。脊高指大棚最高点到地面的垂直距离。大棚高度在能够满足作物生长要求和便于管理的前提下，应尽可能低一些，以减少大棚所承受的风压。大棚高度与跨度比值应使棚面保持较大弧度，有利于雨雪滑落，同时有助于塑料薄膜张紧，可获得较大的拱杆承载能力。

(5) 棚头，棚边与门 大棚屋脊延长线方向的两端称为棚头。棚头处可用来放置工具，并起到一定缓冲作用。常见的棚头形状有拱圆形、垂直齐棚头、倾斜齐棚头。

51. 冬季塑料大棚如何做好保温措施？

大棚内小气候随外界天气变化大，缓冲能力弱，冬季可采用棚内多层覆盖技术，增加大棚保温能力，有效提高棚内气温和地温。多层覆盖常用的有"三棚五幕""三棚四膜"等（图 21）。

"三棚五幕"即大棚＋内保温幕＋小拱棚＋地膜，再加小拱棚外覆盖草苫或厚无纺布共五层覆盖。"三棚四膜"就是在"三棚五幕"基础上减少小拱棚的外覆盖，省去了揭盖草苫的工作，可降低劳动强度。采用多层覆盖的方法在黄淮地区可使棚内温度提高 5℃以上，相较普通大棚春季可提早 15～20 天定植，秋季可延后 15～20 天拉秧。长江流域一带利用多层覆盖技术，可使原来只能进行春提早、秋延后栽培的大棚发展到能进行冬春茬栽

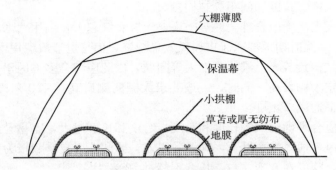

图 21　多层覆盖示意图

（标注：大棚薄膜、保温幕、小拱棚、草苫或厚无纺布、地膜）

培，应用广泛。

　　大棚内采用多层覆盖技术应注意以下几点问题：①多层覆盖保温效果的好坏主要取决于膜的严密性，一定要焊牢塑料薄膜接口，尤其是在易磨损部位先用布条垫上再套塑料薄膜保温幕，形成严密整体，防止出现冷风渗透，降低保温效果。②多层覆盖后，空气流通不畅，棚室内容易出现高湿，在温度保证情况下应开启顶部通风口，通风排湿，最好能进行膜下滴灌，减少土壤蒸发量，降低棚室湿度。③由于多层覆盖的骨架和覆盖物影响，透光率降低，大棚内光照强度低，应做好棚室管理，及时揭盖内保温幕和小拱棚上的覆盖物，在保证温度前提下，尽量增加作物接受光照的时间。有条件的地区可采用人工补光，利用金属卤化物灯、高压钠灯、LED 灯补充棚室内光照强度。

52. 塑料大棚如何做好夏季降温设计？

　　大棚设计和管理时多考虑保温，致使大棚内容易出现高温现象，解决大棚夏季降温可从以下几方面入手。

　　(1) 合理设计大棚结构参数　通风是降低大棚内温度的有效措施，其结构参数大大影响着通风效率，应合理确定大棚的高度、长度、跨度和间距等结构参数。

大棚高度应合理，一般来说，大棚脊高越大，利用"烟囱效应"，高温时期顶部通风口通风效果越好，但是也造成费用增加、大棚结构负载大、维修难度大等问题，因此应综合多方因素，合理确定大棚脊高。同时，一般要求大棚两侧肩高在 1.2 米以上，以保证通风口宽度。

应合理确定大棚长度和跨度。跨度和长度过大，容易导致棚内窝风，通风效率低下，降温效果差，因此，以夏季栽培为主的大棚，跨度在 8 米左右，长度不超过 50 米为宜。

大棚间距不能过小，以免影响通风效率。一般棚间距应在 3 米以上，以利通风。

(2) 合理设置通风口　塑料大棚的通风口应沿大棚长度方向设置 4 条，分别在大棚两侧的顶部和距离前底脚 1.2～1.5 米高处各设置一条，并在通风口内侧设置防虫网。夏季温度较高时，前通风口和顶部通风口全部开启，形成空气对流，室内热空气可有效排除，能有效降低大棚内温度，夏季白天大棚内温度可比露地低 2℃。另外，春秋季节温度较低时，室外冷空气由 1.2～1.5 米高处进入室内，与大棚内前部上升的热空气混合并被加热，避免了冷空气直吹作物的现象。

有些农户建造大棚时，不设顶通风或者通风口内侧不设防虫网，导致夏季棚内高温，降温困难；害虫和鸟类侵入棚内，危害作物。

(3) 覆盖遮阳网　可选用透光率合适的遮阳网覆盖在大棚顶部外侧，减少太阳光照射强度，降低棚室内温度。遮阳网覆盖时应距棚膜 30 厘米左右，不应紧贴棚膜覆盖，否则遮阳网吸收的热量很容易就通过棚膜进入了大棚内，不能有效发挥遮阳网的降温作用。

53. 装配式镀锌钢管塑料大棚应如何建造？

(1) 装配式镀锌钢管塑料大棚的特点　装配式镀锌钢管塑料

大棚的拱杆、拉杆和立柱均采用镀锌薄壁钢管，利用专门的卡具和套管连接杆件组成整体，所有杆件和卡具均内外热镀锌防锈处理，最先于 1982 年由中国农业工程研究设计院研制，属于国家定型产品，规格统一，至今已形成标准、规范的 20 多种系列（表 2）。目前，金属装配式塑料大棚已经是工厂化生产的产品，大棚主体骨架可成套供应用户，用户可按照说明书自行安装使用。此类大棚属于组装式结构，建造方便，可拆卸迁移；棚内空间大，遮光少，作业方便，通风好，抗腐蚀性好，整体强度高，使用寿命可达 15 年以上，建造成本约为 15～25 元/米^2。

表 2　GP 系列装配式镀锌钢管塑料大棚规格

型　号	结构参数（米）					结构特征
	长度	跨度	脊高	肩高	拱架间距	
GP - Y8 - 1	42	8	3	0	0.5	单拱，5 道纵梁，2 道纵卡槽
GP - C825	42	8	3	2.0	0.7	单拱，5 道纵梁，2 道纵卡槽
GP - Y8.825	39	8.5	3	1.0	1.0	单拱，5 道纵梁，2 道纵卡槽
GP - C1025 - S	66	10	3	1.0	1.0	双拱，上圆下方，7 道纵梁
GP - C1225 - S	55	12	3	1.0	1.0	双拱，上圆下方，7 道纵梁，1 道立柱
GP - C625 - II	30	6	2.5	1.2	0.65	单拱，3 道纵梁，2 道纵卡槽
GP - 728	42	8	3.2	1.8	0.5	单拱，5 道纵梁，2 道纵卡槽

以该系列中有代表性的 GP‑C825 为例，其跨度为 8 米，脊高 3 米，肩高 2 米，拱间距 0.7 米，长度 42 米，面积为 336 米²。拱架和纵向拉杆采用 1.5 毫米厚的薄壁镀锌钢管制成，两者利用卡具与拱架连接，塑料薄膜以卡槽和卡簧固定，外部以压膜线压紧，通风口处安装手摇式卷膜器。

（2）装配式镀锌钢管塑料大棚的安装

定位放线　根据勾股定理或经纬仪测定方位，钉下木桩。沿大棚两侧拉基准线，基准线应在同一高度，一般离地面 30 厘米。

安装拱架　单根拱架由两根拱杆通过套管连接而成，安装时，在拱杆下端统一做标记，标记距拱杆底部的距离略小于插入深度与基准线高度之和。

按拱架间距用钢钎或电钻沿基准线打孔洞，孔洞外斜 5°；两轴线的孔洞必须对称；每对拱杆左右插入孔洞，在顶部用套管连接，应保证各拱杆插入深度一致。

安装纵拉杆　一个大棚有 3 道或 5 道纵向拉杆，一道顶杆，其余为侧杆。

纵拉杆应安装于拱架下部，单根拉杆长 5 米，利用钢丝夹或铆钉将其接长，调整纵拉杆与拱杆相互垂直。纵拉杆始末端头位置装塑料管头护套，防止拉杆连接脱落或戳破薄膜。应安排好纵向拉杆，使多道纵拉杆的接头错开，不允许纵向拉杆的接头在同一拱间内。

安装棚头　在棚头处用白灰标记立柱位置，竖立四根或六根立柱，棚门置于正中，门两边各竖一根立柱做门柱，其余四根分别均匀布置于门两侧。立柱上端用固定夹圈与拱杆连接，下部插入地下 30 厘米。门扇用门轴安装于门柱上，门扇上棚膜用卡槽固定。

斜撑杆安装　为防止拱架受力后整体向一侧倾倒，应在棚头位置加设斜撑，斜撑杆将 5 个拱架用 U 形卡连接起来。斜撑杆紧靠拱架内侧进行安装。斜撑杆上端在侧拉杆位置与大棚门拱架连接，下端在第五根拱架入土位置用 U 形卡锁紧。

卡槽安装　卡槽安装前，先在卡槽安装位置处拉绳，以保证卡槽安装纵向平直、高低一致。

卡槽应安装在拱架外侧，用卡槽固定器逐根卡在拱架上固定，卡槽端部用夹箍连接在门拱或立柱上。卡槽单根长 3 米，用卡槽连接片连接。卡槽分为上、下两行安装，上行距地面高 1.5米，下行距地面高 0.6～0.8 米，两道卡槽间为通风口。

埋设地锚　在大棚两侧，离棚 0.3 米处，隔 8～10 米，挖0.5 米深的坑，埋入石头、砖或钢丝做地锚，把埋在土中的地锚夯实。地锚上绑一根 8 号铁丝，铁丝露在外面，用于固定压膜线。

安装完成后，大棚长度、拱架的间距、拱架插入土深度、卡槽、斜拉撑、拉杆、直杆等数量应符合设计要求，拱架垂直度符合要求，才可以投入使用。

54. 钢筋焊接钢拱架塑料大棚应如何建造？

(1) 钢筋焊接钢拱架塑料大棚的特点　钢筋焊接钢拱架塑料大棚由拱架、纵系杆和基础组成，棚内无立柱。钢拱架由上弦杆、下弦杆和腹杆焊接而成。纵向系杆焊接于拱架上，将其连接成一个整体，增加大棚刚度和整体性。拱架上覆盖塑料薄膜，使用卡簧卡槽压紧后，外部在两拱架之间用压膜线压紧，压膜线两端固定于地锚上。压膜线可采用专用塑料绳、针织弹力绳或 8 号铁丝。

钢筋焊接钢拱架塑料大棚结构坚固，骨架强度高，棚内空间大，透光性好，作业方便，做好防腐情况下使用寿命可达 10 年以上，但钢材用量大，造价比较高。

大棚拱架的常见形式主要有单杆拱架、平面桁架和三角形空间结构拱架。其中，平面桁架是钢筋焊接钢拱架塑料大棚拱架的主要类型。平面桁架由钢筋、钢管或两者结合焊接而成。生产中经常使用的平面桁架上弦杆多采用直径14～18毫米的钢筋，下弦杆用直径12～14毫米的钢筋，腹杆采用直径8～10毫米钢筋。

（2）钢筋焊接钢拱架塑料大棚的建造

一是焊接制作钢拱架。先按设计图纸在平台上放样，将钢筋按设计图纸弯成所需的形状，然后将腹杆与上、下弦杆焊接牢固，连接成为整体。

二是定位放线。找到真子午线方向，采用木工水平尺与四角打桩牵线法，在选好的场地上平整场地，定位放线。放线是后续建造的基准和参照，必须保证每一步的放线工作准确。按设计图纸，在场地上用白灰画十字方法定出拱架和端部立柱的位置。

三是建造基础。开挖基础沟，在拱架和立柱位置处，使用普通黏土砖砌筑成0.24米×0.37米×0.3米规格的长方形墩或长宽0.3米以上、高0.5米以上的预制混凝土墩柱。同一拱架对应的墩柱必须在一个平面上，以保证拱架焊接与之焊接后横平竖直，受力均匀。墩柱顶部预留两根短钢筋，以便与拱架焊接。

四是安装钢架。检查墩柱标高，保证墩柱顶部预埋件在同一标高。

将拱架和立柱与墩柱上的预留钢筋焊接连接。现场安装时，先将大棚两端和中部的拱架立起，调整位置，与墩柱连接，在大棚顶部和腰部分别沿纵向拉绳子，以此为基准安装其他拱架。将纵拉杆均匀分布焊接在拱架下弦上，整体骨架涂防腐底漆和面漆，晾干后方可覆盖塑料薄膜。大棚在使用期间，应定期对钢架进行防腐维护。

卡槽和地锚的安装建造方法同装配式镀锌钢管塑料大棚。

55. 大棚和温室的塑料薄膜应如何安装固定?

(1) 准备棚膜 塑料薄膜的块数和大小由通风口个数和位置决定。以大棚两侧分别设置一个底通风口为例（图22），需要准备三块棚膜，顶部薄膜用棚架两侧上部卡槽配合卡簧固定（图23），两边各留相应的膜自然下垂，以便安装卷膜机。裙部薄膜上边用棚架两侧下部卡槽配合卡簧固定，下边埋入预先挖好的沟内用泥土覆盖。所以，应准备三块薄膜，薄膜宽度见图22 - A。如果分别设置顶通风和底通风，道理类似，薄膜宽度见图22 - B。

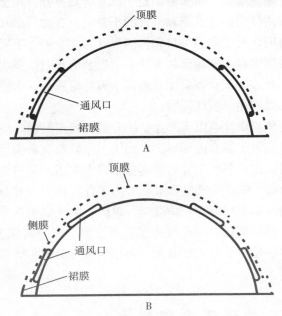

图 22 大棚薄膜宽度示意图（虚线长度）
A. 仅设底通风口大棚 B. 设底通口风和顶部通风口大棚

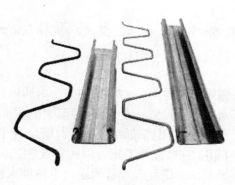

图 23　卡槽和卡簧

（2）覆盖薄膜　将卡槽固定于棚室骨架外侧。覆盖薄膜前应采用拉绳法仔细检查拱架和卡槽的平整度。在通风口和棚门位置安装防虫网，尺寸同通风口和棚门尺寸。防虫网上下固定于卡槽内，两端固定在大棚端部的卡槽上。安装薄膜时，要先将薄膜覆在棚上，再多人配合将膜绷紧后用卡簧将薄膜压入卡槽内。外部在两拱架之间用压膜线压紧。

安装薄膜应注意以下几点：①分清棚膜正反面，应注意将棚膜防雾滴层置于温室内部，正规棚膜上一般都有明确标识。②绷紧棚膜时，应注意四个方向都要拉紧，卡簧压入卡槽内时，让薄膜适当放松，防止卡簧被戳破。③为了保证薄膜的寿命，可在薄膜与卡槽间垫一层旧膜或防潮纸，以防止阳光暴晒下卡簧升温烫伤薄膜，同时可减少卡簧与薄膜间的摩擦。④卡簧压入卡槽时，应从卡槽一端一节节扭动卡入，防止卡簧与卡槽在口部摩擦造成薄膜损坏。

56. 外保温型塑料大棚有何特点？

塑料大棚由于本身保温能力差，加温成本高，在北方地区不能进行越冬蔬菜生产。由于栽培期短，维护成本高，严重影响了其应用效率。

目前生产上常用的大棚保温措施就是进行多层覆盖，但多层覆盖一方面随着覆盖层数的增加，室内骨架成本相应增加，而保温性能却非线性增加，另一方面由于多层覆盖大大影响了大棚内部采光，升温能力变差，且棚内操作空间小，湿度大，给生产和管理带来了不便。

仿效日光温室外保温的做法，在大棚外部利用高保温性的保温被覆盖，可省去内部多层覆盖的骨架，不仅能降低大棚造价，而且可提高大棚内的光照强度，进一步增加其升温能力。

外保温型塑料大棚保温被卷起后，固定于大棚顶部，为保证其承载能力，沿大棚长度方向设置一排中柱，通过屋脊梁将保温被的重量传递给中柱，骨架整体安全性能高（图24）。

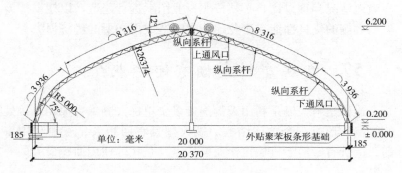

图24　外保温型塑料大棚结构示意图
（引自宋卫堂、李胜利，2017）

外保温型塑料大棚结构由基础、骨架、屋脊梁、中柱组成承重结构，外覆盖保温被，机械卷放，南北两端采用240毫米后砖墙建造。跨度一般14～20米，长60～100米，单栋建筑面积840～2 000米^2，建造成本约为100～200元/米^2。该类型大棚具有以下几方面优势：

（1）土地利用率提高 由于增加了中柱，大棚跨度可增加到14～20米，高度3～6米，土地利用率显著提高，可达80％以上；与日光温室相比，土地利用率提高30％以上。

（2）保温性能好 该类大棚能在我国北方地区进行深冬季节喜温类蔬菜栽培生产，是目前冬季蔬菜生产的主要设施类型。在河南豫北地区，番茄1月下旬可定植，3月下旬产品即可上市，比塑料大棚提早上市50天。

（3）抗灾能力强 大棚结构合理，基础坚固，且上部自重小，抵抗暴雨、积雪等自然灾害能力强。大棚高度大，上部弧度大于20°，不易形成积雪，冬季抵抗雪灾能力强。

（4）使用范围广 与普通大棚相比，棚内空间大，不但适宜于蔬菜生产，也适用于果树栽培。

注意：该类型大棚为新型结构，骨架形式复杂，建造前应结合当地情况合理设计，必须按照专业图纸进行建造，以便发挥该类型大棚的优良性能，避免建造失败造成不必要的经济损失。

57. 连栋塑料大棚有何特点？

连栋塑料大棚是利用天沟连接多个单栋大棚，去掉相连接处的侧墙，形成一个整体结构。该大棚具有面积大、土地利用率高、造价省、便于机械化作业等特点，是我国使用面积最大的一类温室。

连栋塑料大棚的结构形式有拱圆形或锯齿形连接屋面。较常见的是拱圆形屋面大棚，大棚结构主要由拱杆、天沟、立柱、纵横拉杆、基础等组成，利用卷膜器设置侧窗和天窗，使用构件采用热镀锌钢材，结构构件为工厂化生产，现场组装。主体结构使用寿命一般不低于20年。外覆盖透光材料多采用塑料薄膜或聚碳酸酯板（PC板）。一般建造成本为100～180元/米^2（图25）。

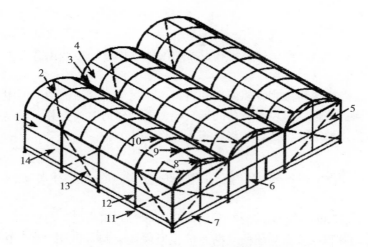

图 25　圆拱形连栋塑料大棚结构示意图

1. 侧墙　2. 斜撑　3. 天沟　4. 卷膜天窗　5. 端墙　6. 门　7. 幕墙　8. 拱架
9. 拱杆　10. 拉杆　11. 基础　12. 立柱　13. 剪刀撑　14. 卷膜侧窗

　　拱杆、立柱、纵横拉杆等部件与普通大棚的作用和要求一样。天沟是连栋塑料大棚中特有的重要构件，主要起到排水、承重、连接多个单体成为整体、增加大棚整体刚度的作用，还可以作为人工检修的通道。由于每个单栋间加设了天沟，天沟处容易积雪，造成排雪困难，生产中应特别注意雪天安全。

　　天沟应使用厚度不小于 2 毫米的镀锌钢板，经冷弯制成。为了使天沟能顺利实现排水，应保证其沿长度方向上有 5‰的坡度，长度大于 50 米的温室，应双向找坡。设计天沟坡度的方法有两种：一种采用水平基础，改变温室的立柱高度；二是保持相同立柱长度，采用基础找坡。但是前一种方法会造成立柱高度有较多规格，给立柱安装带了较大困难，因此第二种方法较为常用。

　　连栋塑料大棚可根据使用要求配套外遮阳系统，内遮阴系统，保温系统，自然通风系统，风机湿帘强制降温系统，微雾降温系统，灌溉系统，CO_2 补充系统，补光系统，施肥系统，加温系统，环流风机系统，苗床系统，计算机半自动及自动控制系统等。相应环境调控系统和设备的配备，可使环境调控能力大大增强。

连栋塑料大棚骨架使用的材料比较简单，容易建造；但温室结构自重轻，对风雪载荷的抵抗能力弱，建造时要充分考虑结构的整体稳定性，选材适当，施工严格。

58. 日光温室有哪些主要的结构参数？

日光温室基本结构有东西两侧山墙、北侧后墙、后屋面、骨架、薄膜或玻璃前屋面及前屋面夜间保温材料等（图26）。其前屋面为采光屋面，东西山墙、后墙和后坡屋面是主要保温蓄热结构。

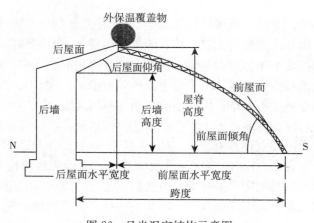

图 26 日光温室结构示意图

日光温室的结构参数指各个部位的角度、高度、跨度、长度和厚度的大小，可总结归纳为"五度"。

(1) 角度 角度包括方位角、前屋面倾角和后屋面仰角。三者都决定了日光温室的采光性能。

方位角是指日光温室屋脊的走向。前屋面倾角指日光温室前屋面任意点处的切线与水平面的夹角。由于不同位置处的前屋面角大小不同，生产设计时常采用平均前屋面角，指前屋面弧形割线（弧线的两端点连线）与水平面的夹角。后屋面仰角指后坡屋面内侧与水平面的夹角。

(2) 高度 高度包括脊高和后墙高度。脊高是指日光温室屋脊最高处距室内地面的高度。脊高与跨度的比值决定了日光温室的采光性能。后墙高度应保证作业方便，也不能过高，否则会使后坡长度过小，影响温室保温性能。

(3) 跨度 跨度是指温室后墙内侧至前底脚处的距离。跨度的大小影响着温室的采光性能，决定了温室的栽培面积。

(4) 长度 长度是指温室东西山墙之间的距离。长度在一定程度上决定了温室的采光性能，决定了温室的栽培面积。

(5) 厚度 厚度包括后墙和后坡的厚度，决定了温室的保温性能。

日光温室的结构参数是一组相互影响的参数，决定了温室的采光、保温和蓄热性能，因此做好温室采光、保温和蓄热设计，即可确定合理的结构参数，设计出合理的日光温室结构。

59. 日光温室的性能和应用范围如何？

日光温室性能主要包括室内光照、温度、湿度等几方面的特点和变化情况。

(1) 光照 日光温室的光照情况与季节、天气、时间，及温室方位、结构、棚膜特性、管理措施等密切相关。温室内光照强度始终低于露地，正常情况下只有露地的 70%～85%。实际使用时，还会因天气情况、薄膜老化污染等原因大大降低。温室内光照存在水平方向和垂直方向的差异分布。沿水平方向，温室自南向北光照强度逐渐减弱；沿垂直方向，自上而下逐渐减弱。

（2）温度 在各种天气条件下，日光温室内的气温总是明显高于室外温度。日光温室内的冬季天数可比露地缩短 3～5 个月，夏季可延长 2～3 个月。黄淮及其以北地区，一般严冬季节的平均气温可比室外高 15℃以上。在北纬 40°左右地区，不加温或短暂加温可生产黄瓜等喜温类果菜。

地温与气温相比较稳定，并且随气温变化有明显的滞后。在黄淮地区，当室外地表温度降低至−1.4℃时，室内平均地温为13.4℃，高于室外 12℃。1 月下旬，20 厘米处地温比室外地温高 12.7℃，完全可满足根系正常生长的需要。

（3）湿度 日光温室内湿度相对较大，一般白天为 70％～80％，夜间在 90％以上。湿度过大，常常造成设施内病害的发生与蔓延，生产管理中要注意湿度的调控。

日光温室主要用于北方地区蔬菜冬春茬长季节栽培，还作春早熟、秋延后栽培，结合温室内的小气候环境，选用耐低温抗病品种，找准茬口，大温差管理，精细栽培喜温类蔬菜，可收获亩产 5 000～7 000 千克。一般钢骨架温室 2～4 年可收回成本，竹木型骨架温室当年可收回投资。

60. 日光温室怎样进行采光设计？

太阳辐射对日光温室中的作物具有重要作用，主要表现在两个方面。一方面，太阳辐射是维持日光温室温度或保持热量平衡的最重要的能量来源；另一方面，太阳辐射是作物进行光合作用的主要光源。因此，采光设计是否合理决定着日光温室性能的优劣，应从以下六方面进行合理采光设计。

（1）确定最佳方位角 为了争取太阳光多进入室内，日光温室应采取东西延长、前屋面朝南的方位，可适当偏东或偏西不超过 10°。高纬度地区，日光温室方位应采用南偏西 5°～10°。北纬 40°以北地区，早晨外界气温非常低，揭开外保温层时间晚，无法很好利用早晨光照，因此可采用南偏西 10°，以延长午后的温室内光照时间，更多的利用太阳光。同理，中低纬度的地区，日光温室方位应采用南偏东 5°～10°，使室内尽早接受太阳光照，作物尽早开始光合作用。

（2）确定采光屋面的角度　透明覆盖材料透光率与光线入射角的关系有如下规律：随着入射角的增加，薄膜透光率呈下降趋势。当入射角等于 0°时，薄膜透光率最大在 90％以上；当入射角在 0～40°时，透光率下降不超过 5％；当入射角大于 60°时，透光率急剧下降（图 27）。

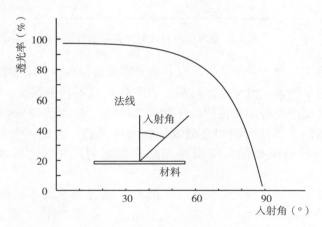

图 27　透明覆盖材料透光率与光线入射角的关系
（引自张福墁，2001）

日光温室前屋面覆盖有透明覆盖材料，为了提高温室的采光效率，应尽量减小前屋面的太阳光损失，使前屋面的透光率最大（图 28）。

理论上，前屋面角 α、太阳光入射角 θ 和当地太阳高度角 h

有如下关系式：

$$h+\alpha+\theta=90 \qquad\qquad (1)$$

h 太阳高度角是随季节和时刻变化的，应取冬季太阳光照时数最少的那一天，即冬至日正午时分的太阳高度角进行计算。

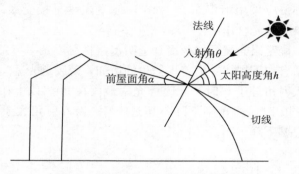

图 28 前屋面角与入射角关系示意图

当太阳光入射角 θ 为 0°时，透光率最高，可这势必会造成前屋面角 α 很大，温室高度过高，浪费建材且不利于保温。而且，太阳高度角是时刻变化的，令 $\theta=0$°仅使某一时刻的透光率最大，并不适用于其他时间，会造成了极大地浪费。因此，当入射角 $\theta=0$°时的前屋面倾角只能是理想状态下的，可称之为理想屋面角。

如前所述，当入射角在 0~40°时，透光率下降不超过 5%。前屋面采光设计时，令太阳光入射角 θ 不超过 40°，可使太阳透光率不低于 85%，也不会产生前屋面角过大的情况，可称之为合理屋面角。式（1）可变形为

$$\alpha \geqslant 50-h \qquad\qquad (2)$$

但是，这样也仅仅是满足正午时分的透光率比较高，一天中绝大部分时间的太阳光入射角 θ 都将大于 40°，透光率不能达到合理要求。应该在合理入射角设计基础上，增加合理入射角出现的时间。

因此，在确定前屋面角时，可要求正午前后 4 小时内（一般为 10：00～14：00），前屋面角都应小于或等于 40°，可在严冬时节能充分利用太阳光，称满足此要求的前屋面角为合理采光时段屋面角。式（2）可变形为

$$\alpha \geqslant 50 - h + (5\sim 10) \tag{3}$$

案例：北纬 35°的地区温室前屋面角设计，查资料可知北纬 35°的冬至日正午太阳高度角为 31°34′，根据式（3）可知前屋面角应为 23.4°～28.4°。

目前日光温室前屋面多是半拱圆形的，前屋面角从底脚到屋脊位置都是不断变化的，让任意点处的前屋面角都满足上述要求是不现实的，只能要求其主要采光部位满足式（3）的要求。离前屋面底脚 0.5～1 米处应有一定的空间，便于工作人员操作，有利于作物生长。为了使雨、雪容易滑落，靠近屋脊附近应保证前屋面角不小于 15°。综上所述，北纬 35°的地区日光温室的前屋面角，前底脚处可取 60°～70°，距前底脚 1 米处取 35°～40°，距前底脚 2 米处取 25°～30°，4 米以后 20°左右，靠近屋脊处 15°左右（图 29）。

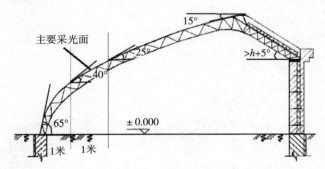

图 29 北纬 35°地区日光温室合理前屋面角示意图

（3）确定合理的温室跨度和高度 跨度和高度均影响温室截获日光量的大小。

跨度的大小对温室采光、保温、作物生长、总体尺寸、土地利用率和栽培作业都有很大影响。温室高度一定的情况下，跨度越大，前屋面角度越小，采光效率低影响白天增温；同时散热面积增大，不利于夜间保温。但是跨度小土地利用率低，栽培作业面积小，不利于人员和机械生产。应在满足采光和保温的要求下，根据室外设定温度确定跨度大小。一般情况下，北纬40°以北地区温室跨度可选择7～9米为宜，有利于保温；北纬40°以南地区温室跨度可选择9～12米为宜。

温室跨度一定时，高度决定了其采光效果，因为跨度和最高采光点位置的相互关系有较佳的组合，两者的比值决定着温室的平均前屋面角，跨度与高度的比值应取2.2：1左右较为合理。

（4）确定合理的温室长度和间距 温室长度应适当大一些，可减少两侧山墙遮光面积的比例，但如果过长，会造成窝风，影响通风效率，温室的长度以60～100米为宜。

温室间距要保证冬至上午10：00前栋温室不挡后栋温室光线（图30）。

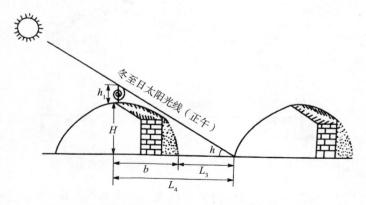

图30 日光温室间距示意图（引自张晓东等，2002）

相邻两栋温室的间距可用式（4）进行计算：

$$L_3 = (H+h_1)/\tan h - b \tag{4}$$

h 为当地冬至日上午 9：00 太阳高度角。

（5）确定合理的后坡面仰角　后屋面仰角应略大于当地冬至正午的太阳高度角。后屋面仰角对日光温室的采光和保温性能均有一定影响。冬季时，应尽可能使太阳光直射到后坡屋面内侧，增加后坡屋面的蓄热量。但夏季时，应避免太阳光直射到后坡屋面内侧。所以后坡屋面角可按式（5）取值：

$$\beta_2 = \alpha + (5\sim8) \tag{5}$$

（6）确定合理的后屋面投影长度　日光温室的后屋面有保温蓄热的作用，直接影响着室内的光照情况。前屋面白天起采光的作用，但夜间是主要的散热面。跨度一定时，后屋面投影长度大，温室保温性能提高，但前屋面采光面较小，温室后部出现大面积阴影，栽培面积减小。后屋面投影长度小，则温室内部采光面大，但保温性能降低，出现白天升温快，夜间降温也快的情况。日光温室前后坡比值应在 4.5：1 左右较为合理。

（7）确定合适的骨架材料　由于日光温室骨架材料影响采光，构件的遮阴使透光率降低 10% 左右，特别是支柱、横梁和设备等加大遮光面积，影响光照的合理分布，因此，在选择骨架材料时，应在满足强度要求的前提下，截面积尽可能小。这就要求骨架材料具有高强度、易获取、价格低的特点。

（8）选择合理的透光材料　前屋面覆盖有透明覆盖材料，其透光性能对温室采光具有决定性作用。日光温室透明覆盖材料一般采用塑料薄膜，应满足透光性好、保温性好、耐用、防老化、防雾滴的作用。另外，塑料薄膜应经常进行清洁，避免被污染后影响采光性能。如果薄膜老化已影响其透光率，应及时更换。

61. 日光温室如何进行保温设计？

日光温室内热量散失主要有以下五个方面：通过前屋面覆盖材料散热、透过墙体传热、缝隙放热、通风换热和土壤传导失热。据测定，不加温温室内通过前屋面覆盖材料和墙体散热量占总耗热量的 75%～80%，缝隙放热量占总耗热量的 5%，土壤传导失热量占总耗热量的 13%～15%。因此，保温设计应从以下四个方面入手。

（1）做好前屋面保温覆盖，减少通过前屋面散热　前屋面保温覆盖主要用于温室前屋面夜间保温，日出后卷起，日落后放下。前屋面保温覆盖的方式有两种：一种是外覆盖，即在前屋面上覆盖轻型保温被、草苫、纸被等柔性保温材料，减少热量损失。草苫具有可就地取材、价格便宜，且保温性能好等特点，原来在生产应用中较为广泛。但是草帘不易收放、易污染薄膜、遇雨雪吸水后保温性能急剧下降且自重增大数倍、大风天气保温性能差等缺点，难以克服。目前，轻型保温被在日光温室生产中应用较多，具有质轻、保温性能好、光滑洁净、防老化、防水等特点，可替代草苫使用。保温被有多种类型，一般由三层或多层组成，内外层使用塑料膜、防水布、喷胶无纺布、镀铝膜等防水、防老化材料，中间夹有纤维棉、废羊绒、腈纶棉、太空棉等保温材料。选择保温被时，应满足轻便、光滑、防风防水性好、导热系数不大于 1.5 瓦/（米·℃），使用寿命长等要求。

另一种是内覆盖，即在温室内张挂保温幕或进行多层覆盖。保温幕多采用塑料薄膜、无纺布或缀铝膜等，晚上盖，白天揭。室内张挂保温幕可减少热量损失 10%～20%，室内温度较原来基础上提高 2～4℃。日光温室内采用多重覆盖，可使室内温度在原有基础上提高 3～5℃，节能 30%～40%。但是多层覆盖会严重影响室内采光，容易出现高湿，在生产管理中要注意白天及时揭开内部多层覆盖，适当通风，调节室内光照和湿度。

（2）做好后屋面和墙体设计，提高保温性能 合理的日光温室后墙应同时具有保温和蓄放热的作用，使得墙体在日间高温时能积蓄热量，在夜间将积蓄的热量尽可能多的释放到室内并阻止热量通过墙体散失。墙体和后屋面的材料、厚度和构造都会影响其保温和蓄热性能。理想的日光温室墙体应由蓄热层、隔热层和保温层组成。

墙体的构造有单层墙体和异质复合体（夹心墙）。单层墙体可采用土墙、砖墙等单一材料建造而成。异质复合墙体设计时内层应采用蓄热性能好的材料，如黏土砖（红砖）、干土等；外层可采用保温性能好的材料，如砖、加气混凝土砌块等；中间夹层一般使用隔热材料填充，如珍珠岩、聚苯乙烯泡沫板、蛭石等。

在一定范围内，墙体厚度越大，保温性能越好。据生产实践证明，当墙体厚度超过一定厚度之后，其保温性能增加就不明显了。因此，不应一味追求更大厚度的墙体，浪费资源且降低土地利用率。

日光温室后屋面应由多层组成，包括承重层、保温层和防水层。承重层在最底层，防水层在最外层，保温层在中间。保温层材料可采用秸秆、稻草、炉渣、珍珠岩、聚苯乙烯泡沫板等导热系数低的多孔材料。防水层可采用水泥沙浆或防水建材。承重层应选用具有一定强度且蓄热性能好的材料，如木板、预制混凝土板等，在保证安全的同时增强后坡的蓄热能力。后屋面应具有合适的长度。如前所述，后坡长短影响着温室内蓄热、保温和采光性能，一般要求后屋面水平投影长度以 1.0～1.5 米为宜。

（3）设置防寒沟和室内适当下挖，可减少室内热量横向导热 防寒沟应设置在日光温室前基础外侧，切断温室内部与室外土壤的传热，一般可使温室内 5 厘米处地温提高 4℃左右。一般防寒沟宽 30～50 厘米，深度与当地冬季冻土深度一致。沟内三面铺上塑料薄膜，填入杂草、秸秆、炉渣等保温材料，覆土盖实，每隔一段时间替换沟内保温材料。也可以在温室基础外侧贴80～120毫米厚聚苯乙烯泡沫板替代防寒沟，也可达到上述防寒沟的保温效果。

冬季室外土壤温度随深度增加而增高，温室内部地面适当下挖30～50厘米，使温室室内周边土壤与温度比较高的土层接触，可有效降低土壤传热，更好保存温室内热量，增加温室保温性能。但是下挖深度不可过大，否则会造成室内阴影面积大、易积水、回温慢等不利影响。

（4）设置缓冲间，减少缝隙放热 在严寒冬季，温室内外温差很大，即使很小的缝隙也会导致大量的热量散失。靠门一侧，人员出入频繁，难以避免冷风渗入，应在温室一端设置缓冲间，并在缓冲间与温室连通的门处张挂门帘。缓冲间大小按需求和条件而定，一般可设计为3米×3米。另外，在建造温室时，墙体与墙体交接处，墙体与后坡交接处都应连接严密，不留缝隙。

62. 日光温室如何进行蓄热设计？

夜间温室内热量的主要来源是室内土地和围护墙体白天的蓄热量。白天应尽量增加温室内土壤和围护墙体对太阳辐射的吸收率，以提高温室蓄热能力。日光温室的蓄热能力优劣与土地和墙体材料本身的蓄热系数大小成正比；也与地面和后墙接受太阳光直接照射的面积成正相关。因此，日光温室蓄热设计应从以下几个方面入手：

（1）墙体和后屋面内侧应选用蓄热系数大的材料 冬季，墙体和后屋面内侧接受阳光直射，室内气温高，在其内侧配置蓄热系数大的材料，如黏土砖（红砖）、粉煤灰砖（青砖）、混凝土砌块、土坯等，可显著提高其蓄热性能。也可以通过将墙体内侧建造成蜂窝状、波浪状、凹凸状、花格状等方法，增大阳光和空气与内侧墙体的接触面积，增加蓄热量。但是这种方法对建造技术要求较高，也会相应增加成本。

（2）增加地面和后墙接受太阳光照射的面积　设计时，温室后屋面仰角应取当地冬至日正午时分太阳高度角再加 5°～8°，使冬季低温季节太阳光能长时间直射到温室后坡和后墙，增加温室内蓄热量。

温室内种植作物会遮挡太阳光直射地面，影响地面蓄热性能的发挥。生产中可采取合理稀植，并及时摘除植株老叶，保证行间地面不被植株覆盖，有效发挥植株下部土壤的蓄热能力。

（3）利用相变材料　可将相变材料与建筑材料结合建成墙体，利用材料在相变化过程中吸收或放出大量潜热的特点，白天温室内温度升高时存储热量，夜晚温室内温度降低时释放热量，将白天温室内吸收的太阳辐射能有效存储，减少温室内温度的波动，实现自动调温调热。

虽然相变材料种类很多，但是应用于日光温室还有一定的局限性。因为用于日光温室的相变材料应满足以下要求：①相变温度应在 5～30℃。②相变过程可逆性好，收缩膨胀小。③导热系数大、密度大、比热容大。④无毒、无腐蚀性、不污染环境。⑤不能从围护结构中泄露、不容易变质，与温室材料有一定的相容性。⑥成本低。目前多采用不同配合比的相变材料混配后抹于日光温室内表面或封于密封袋内砌筑于温室墙体内。西北农林科技大学采用特殊塑料袋封装 $Na_2HPO_4 \cdot 12H_2O$ 相变材料体系，将其镶嵌于温室墙板中形成相变蓄热板墙，可提高室内最低温度 2.7℃ 和平均温度 1.5℃，降低室内最高温度 1.2℃；也有提高室内最低地温 0.6℃ 和平均地温 1.0℃，降低室内最高地温 0.7℃ 的作用。

（4）利用设施设备主动蓄热　前述蓄热措施主要依靠墙体后坡和土壤的被动蓄热，也可利用相应设施设备变被动蓄热为主动蓄热，以取得更好的蓄热效果。

西北农林科技大学设计的主动蓄热型日光温室，在温室后墙上安装风机蓄热系统和蓄热孔洞,根据日光温室蓄放热的需要进行主动蓄热,在白天正午将多余热能通过蓄热风机输送至后墙孔洞,提高后墙的蓄热层厚度,增加后墙蓄热量,晚上再将热量传输到温室内。主动式蓄热后墙蓄热量占日光温室墙面太阳辐射能的 17.96%,可使温室内夜间平均温度提高 4～6℃,有效提高蓄热能力。

中国农业大学研究的在温室内张挂水幕帘、温室地表铺设蓄热水管等,以太阳能为热源,利用水这样比热容大的材料作为蓄热介质,白天将温室内富裕热量有效存储在温室内蓄热水池或土壤浅层,夜间通过蓄热池内水循环或土壤的自然放热将热量释放到温室中,可提高夜晚温度,减少温室内温度波动,效果良好。

63. 日光温室的通风设施有哪些?

日光温室内夏季高温是制约温室生产和发展的一个瓶颈,应做好日光温室通风设施的设计。日光温室通风主要采用自然通风的方法,也可根据情况增加机械通风设施。日光温室通风口有顶部通风口、前部通风口和后墙通风口(图 31)。

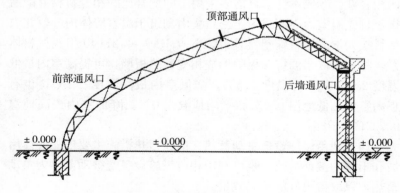

图 31 日光温室通风口示意图

　　顶部通风口可将前屋面薄膜在靠近后屋面位置截开，分两幅覆盖相互搭接，从中间"扒缝"放风。也可以用上、下两道卡槽分别于上下固定塑料薄膜，利用卷膜器控制通风口的启闭。通风口宽度（两道压膜槽间距）一般 30～50 厘米。因为室内温度高，空气被加热后密度较小，向上升，顶部通风口利用"烟囱效应"，热空气自然溢出，降温效果最好。而且顶部通风口离蔬菜较远，冷空气不会直吹蔬菜，一般不会使蔬菜受到冷、冻害。因此，冬、晚秋及早春季节温室内需通风除湿时，应首选打开顶部通风口。

　　前部通风口位于温室前部靠近前底脚位置，一般下部距离地面高 50～70 厘米，上部距离地面 100～120 厘米，通风口宽度 50～70 厘米，建造设置方法同顶部通风口。前部通风口位置较低，散热效果较差，多与顶部风口配合使用。而且前部通风口通风时，冷风直吹蔬菜，容易造成叶片干边、皱皮、伤根、吹伤蔬菜。因此只能在外界气温较高（20℃以上）、秋季和春季顶部通风口降不下温度时才开放前部通风口。

　　后墙通风口是在砌筑后墙时留出，一般洞口大小 40 厘米×40 厘米，间距 3 米左右。冬季堵上，春天打开，也可安装密闭性好的推拉窗。后墙通风口开在后墙上，一般离地面 1.5 米高，通风散热效果较好。但后部通风口正对着植株的上部，当外部冷空气吹进温室时，极容易冻伤上部幼嫩的植株。因此，这道风口多在初夏温室后部外界气温升高后才开启，协助顶部通风口和前部通风口降温。

　　日光温室夏季容易出现高温，仅靠自然通风降温效果差，可在东西山墙上安装排风机或在温室内沿长度方向每隔 10 米安装 1 台环流风机，进行机械通风。机械通风效果好，但是耗能量大，成本高。

　　可以看出，这些通风方法各有特点，在使用和管理时应根据气候特点和温室内情况选择。冬季时，设施内通风降温、除湿，以顶部通风为主；夏季时，多种通风方式结合进行。

64. 温室的基础如何修建？

万丈高楼平地起，任何建筑物都建立在地面上，基础对于温室安全至关重要。温室上所承担的风、雪、自重、作物吊重等全部外力都要经基础传到其下面的地层来承担。受建筑物外力影响的那部分地层为地基。埋入土中一定深度并将外力传递给地基深处土层的部分称为基础。为了温室的安全，应做好选择地基和设计基础的工作。

（1）选择地基　选择地基就是选择合适的地基受力层，也就是选择基础埋置的深度。在选择基础埋置深度时应满足三条原则：①在满足地基不发生破坏和发生较大变形的前提下，基础应尽量浅埋。基础浅埋可减少挖土量，节约基础建筑材料，减小工作量，方便施工，降低造价，缩短工期。②基础应埋置在当地冻土层以下。墙体基础有阻挡横向传热的作用，将基础埋置在冻土层以下可避免温室内土层与外界的低温土层相接触，减少横向传热量，增强温室保温性能。另外，由于土壤内的水在冻结后形成霜柱会向上隆起，而融化后又会恢复原状，这样的冻胀作用对建筑物的安全极为不利，将基础埋在冻土层以下就可避免土壤冻胀带来的不利影响。③基础埋深不宜小于 0.5 米。为了防止机械或人员对基础的碰撞，危害基础安全，基础顶面一般不应露出地面，要求基础顶面低于地面不小于 0.1 米。另外，基础埋置太浅，容易受到暴雨冲刷，影响地基的承载能力，对温室安全不利。

（2）基础设计　一般情况下，日光温室墙下采用条形基础，柱下采用独立基础。

条形基础由垫层和基础本身组成。常见的温室条形基础垫层是水撼粗沙、三七灰土、细石混凝土等，基础可相应采用灰土基础、砖基础、毛石基础、混凝土基础（图 32）。建造基础前，地基应夯实或做必要的处理。

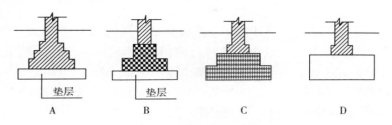

图 32　常见条形基础形式

A. 砖基础　B. 毛石基础　C. 混凝土基础　D. 灰土基础

温室中独立基础一般采用预制基础，基础截面尺寸应按照实际情况进行设计。常见的预制钢筋混凝土基础矩形截面为 200 毫米×200 毫米，高 500～1 000 毫米，内配钢筋，并在内部预埋与上部柱规格相匹配的预埋件。施工时，先把基础预制好，然后运往工地，在基础坑内填一定深度的混凝土，将预制独立基础插入混凝土内，调整基础在正确位置，再将基础周围用混凝土填实固定。

65. 设施建造时应如何进行场地定位及放线？

场地定位及平地放线是建筑施工的第一个步骤。定位放线的任务就是找到温室墙体建造或基础沟开挖的位置。具体来说就是找到温室的方位和温室中一个点的位置。

（1）定位　"场地定位"就是确定温室中一点的坐标位置和高程作为基准点。新建温室的基准点要从温室场地周围比较明显的建筑物或已知水准点引出。引入基准点可采用经纬仪和水准仪这些精密的测量仪器进行，如果条件受限，也可利用钢尺或皮尺等较粗略的工具完成。采用经纬仪和水准仪定位需要专业的测量人员进行操作，这里介绍如何利用钢尺和皮尺进行定位。

在场区总规划设计图中，温室上某一点用 A 点表示，已知道路交叉点 M，A 点相对于 M 点的相对坐标是（a，b）。定位出 A 点的方法如下：自 M 点起，沿道路中心线 M - N 方向测量出距离 a，定出 B 点；在 B 点找到 M - N 的垂线，并自 B 点测出距离 b，即可定出 A 点，完成定位（图 33）。

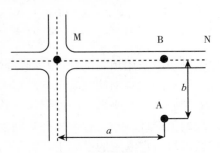

图 33　温室定位方法示意图

上述方法中很重要的一个工作就是确定一条直线的垂线，如果现场有经纬仪，可以很容易定出，但是只有钢尺、皮尺情况下，也可利用"勾股弦"法测得直线的垂线。"勾股弦"法就是利用勾股弦原理定出垂线。具体方法是利用钢尺在一条绳子上找出三点，从任意点 A 开始，量 3 米标记出 B 点，量 4 米标记出 C 点，量 5 米标记出 D 点。然后一人捏住 A 点，另一人拿绳子上 B 点处沿已知直线方向牵直绳子，第三人拿绳子上 C 点处，并将绳头 D 点交给第一人，三人站定将绳子绷紧。此时 BC 方向就是已知直线 AB 的垂线（图 34）。

（2）放线　获得定位点后，下一步就是找到温室的方位，即正南正北方向，也就是真子午线的方向，然后通过已知定位点，确定温室的轴线，这就是放线。

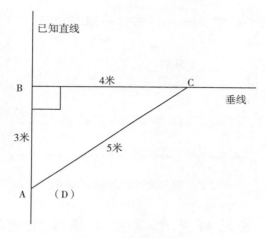

图 34 勾股弦法示意图

真子午线方向是地球南北两极的方向，表示正南正北。通常使用指南针测出的南北方向是地球的磁子午线，然后根据当地磁偏角获得真子午线，再根据前述方法定出垂直于真子午线的东西方向。在现场无仪器的情况下，可使用"棒影法"测出真子午线，即在温室定位点处立一根垂直于地面的木杆，于 10：00～14：00 每 10 分钟测量一次木杆的影长和位置，并标记，其中木杆最短的阴影线就是当地真子午线方向。再利用"勾股弦"法定出垂直于真子午线的垂线，就是东西方向。

若已知定位点 A 是温室后墙与山墙交叉点，测得 A 点处的南北和东西方向，沿东西方向即为北墙轴线；沿北墙轴线方向测量北墙长度 L_1，即可定出另一山墙与北墙交点 B；分别过 A、B 两点做北墙轴线之垂线，即为山墙轴线；分别沿两山墙轴线方向量出山墙长度 L_2，可得到 C、D 点，连接 C、D 两点即为温室前基础的轴线（图 35）。

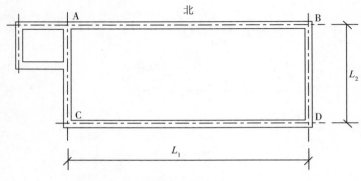

图 35　温室墙体轴线放线示意图

66. 常见的日光温室骨架类型有哪些？

日光温室常见的骨架材料一般有镀锌钢管、C 型钢、几字钢。

镀锌钢管常用做日光温室骨架，采用镀锌钢管和钢筋焊接或套接成桁架结构，由上弦杆、下弦杆和腹杆组成。上弦杆和下弦杆多采用镀锌钢管，腹杆可采用薄壁镀锌钢管或钢筋。该类型温室骨架，承载能力强，取材容易。制作时，按设计图纸把腹杆焊接到上、下弦杆上，将三者连接成一个整体，焊点位置需现场刷漆防腐，否则使用时容易受腐蚀，影响骨架寿命。

C 型钢和几字钢是采用优质热镀锌钢板通过专业设备冷弯而成的，规格较多。C 型钢和几字钢制造容易，外观漂亮，尺寸精准，加工成设计弧度后即可直接作为温室骨架，在塑料大棚和日光温室骨架中应用广泛。主要有以下几方面优势：①材料截面惯性矩大，充分利用了材料强度，承载能力远大于钢管，更为节省材料。②采用热镀锌钢板材质，一次成型，无焊点，耐腐蚀性好，使用寿命长，正常使用寿命不少于 15 年。③可方便进行工厂化生产，工厂内精确冲孔，杆件之间可采用螺栓连接，便于拆装，可二次利用。④结构整体强度高，10 米以内跨度骨架中间无需支柱，大大增加了耕作面积，方便作业人员和机械操作，增大工效。⑤材料厚度大，与薄膜接触面积大，使用中不容易发生"烫膜"现象。

C 型钢和几字钢做温室骨架时，可从工厂购买已加工成设计弧度的成品，但不便运输，也可以购买型材后利用弯管机进行现场加工。

67. 温室焊接型骨架应如何制作与安装？

（1）作业前准备 温室骨架制作必须在有正规设计图纸情况下进行。除设计图纸标明的材料外，还需要必要的生产工具和场地，如材料堆放场、焊接作业平台、钢筋调直机、弯管机、焊接器械、成品库等。

骨架焊接前，应在焊接作业平台上制作好母样。母样制作时，先根据图纸，将图纸中各构件中心轴线准确刻画在作业平台上，然后根据构件尺寸找到骨架外轮廓线，沿外轮廓线焊接一定数量钢桩，钢桩朝向骨架的一面应正好贴近骨架的外轮廓线。钢桩可采用钢筋或钢管，布置数量以每个直线段 2 个为宜，分别布置在需焊接构件两侧；曲线段在曲率小的地方多设，曲率大的地方可适当少设，分设于需焊接构件的两侧，单侧钢桩之间距离控制在 20～50 厘米。设置好钢桩相当于做好了焊接骨架的模具，骨架焊接都可在该母样上进行作业。

（2）材料准备 钢骨架的材料主要是钢管和钢筋。一般情况下，骨架上弦杆采用钢管，下弦杆和腹杆多采用钢筋。钢骨架的制作就是用腹杆将上、下弦杆焊接起来。生产中，骨架根据腹杆焊接方法不同可分为整根钢筋连接法、腹杆单根焊接法和腹杆构件焊接法。

腹杆构件焊接法是将两根或两根以上的腹杆围成一个构件，

然后进行焊接。这种方法集合了前两种方法的优点，焊接效率高且结构安全性好，在生产中较为常用（图36）。

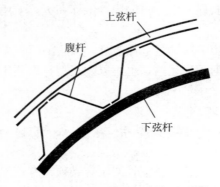

上弦杆

腹杆

下弦杆

图36　腹杆构件焊接法

（3）骨架焊接　焊接前根据设计图纸下好料，上、下弦杆按弧度弯曲，腹杆做相应处理。将材料放在焊接平台上，根据母样进行施焊。在母样上，腹杆与上、下弦杆仅是电焊起固定作用，将其脱模后再进行全面焊接。骨架应在两侧分别进行焊接，保证焊点牢固。由于使用钢管一般较薄，焊接时应防止钢管被焊穿，如果焊穿，要做好修补工作，方可出厂或安装。

（4）防腐处理　温室骨架长期处于高温、高湿环境下，极容易发生腐蚀，骨架必须进行防腐处理。温室中常用的防腐方法是表面刷漆和热镀锌。传统热镀锌方法是将骨架焊接好后进行整体镀锌。这种方法镀锌全面，镀锌质量好，但是需要有专业的热镀锌池，成本高，适合工厂化操作。为降低成本，也可采用镀锌管材制作骨架，作业完成后，再局部进行表面刷漆处理。刷漆前要将表面处理干净，不得有锈迹或焊渣，至少刷两道底漆，一道面漆，每道刷漆前需保证上一道漆干燥。骨架在运输和安装过程中，应避免磕碰破坏防腐层；如果出现，应重新刷漆。

(5) 安装骨架　骨架安装就是将钢架上、下两端应分别与前基础墙和后墙上的预埋件焊接或用螺栓连接牢固。首先在东西山墙贴墙固定安装两片钢筋拱架，以这两个钢筋拱架的顶部为基准，拉一条标准高度水平线。然后依次安装其他骨架。注意，安装时，后墙安装点和前基础墙安装点要上下对齐，保证钢筋拱架直立、不倾斜，整体平整一致。

温室纵向的系杆应置于下弦上，与骨架焊接，两端伸入山墙与山墙中的预埋件连接牢固。

68. 日光温室墙体应如何建造？

温室墙体主要起着保温和蓄热的作用，决定着日光温室的性能和节能效果。目前生产中常用的温室墙体主要有以下几种类型：

(1) 土墙　土墙建造方法有多种，可采取板打墙、草泥垛墙或机械压土墙。机械压土墙保温性能好、节省人力、应用较多。此类土墙钢结构日光温室价格 90～110 元/米^2。

土墙内部具有天然的孔隙，保温蓄热性能好，可就地取材，建造成本低，可机械化施工建造。建成后一般不需内部加温，即可进行喜温类蔬菜越冬栽培。但是土墙日光温室也有墙体占地面积大、土地利用率低、容易被暴雨冲刷影响安全性和寿命等缺点。

土墙建造使用推土机和挖掘机进行压土，推土机沿后墙方向分层堆土并压实，每层厚度 30～50 厘米，而后可继续堆土，直到后墙高度达到设计要求，依同样方法建造温室东、西两侧山墙。三面墙体堆好后，用挖掘机将所堆土体朝向温室的内侧部分切削成向外侧倾斜 5°～10°的坡面，以防墙体滑坡、垮塌。温室后墙也可依地势而建，利用山体切削整理后作为温室后墙，保温效果更好。一般土墙堆土越厚，保温性能越好，但超过一定厚度后，保温效果就不再增强了，一般土墙厚度取当地冻土层厚度加70厘米即可满足要求。建好的土墙不能直接承载钢架，需要使用混凝土柱或钢柱做支撑。土墙温室在建造和使用中应解决好排水防涝的问题，应在温室周围修建排水沟，并与排水干渠相连，避免连续降雨后水泡温室后墙，造成温室坍塌。

（2）**砖墙**　砖墙美观大方，安全性高，但是保温蓄热性能不如土墙，而且材料成本相对较高。砖墙由砌块和沙浆砌筑而成。砌块可采用黏土砖（红砖）、蒸压灰沙砖（青砖）和加气混凝土砌块等。砖墙厚度根据不同纬度来决定，厚度240～490厘米。砌筑方法同一般民房，后墙沿长度方向每隔8～10米可加一道砖垛，提高墙体安全性。

（3）**复合墙体**　由于砖墙日光温室保温性能差，容易发生低温现象，目前单一砖墙做温室墙体较少，多采用空心砖墙或复合墙体增强其保温性能。此类复合墙体钢骨架日光温室价格80～120元/米^2。

如前所述，合理的温室后墙由内到外应由蓄热层、隔热层和保温层组成。常见的复合墙体就是照此原则进行建造，一种是内外采用蓄热性和保温性能强的黏土砖或混凝土砌块，中间夹炉渣、黏土、聚苯乙烯泡沫板等保温隔热材料。另一种是内层采用一定厚度的黏土砖或混凝土砌块，外层贴80～120毫米厚的聚苯乙烯泡沫板，最外面抹水泥沙浆做外保护层。

对于三层复合墙体砌筑时，应先砌内侧墙体，砌墙时在墙内放置拉结筋，内墙砌到规定高度后，将聚苯板穿过拉结筋紧贴在内侧墙上，然后再砌筑外层墙体。墙体砌筑到规定标高后，应按要求做现浇混凝土圈梁，并埋置预埋件，便于钢架安装。同样，前底脚位置，基础砌筑到一定标高时，应按要求在顶部现浇混凝土圈梁，并埋置预埋件。每一个钢架位置所需预埋件应一一对应，设置时应仔细检查，保证定位准确。

后墙砌好后，再进行山墙的砌筑。两侧山墙砌筑前，应把靠近山墙的钢骨架先安装好，按照骨架弧度砌筑山墙，保证山墙上端砌筑完成面应与前屋面钢架的弧度一致。砌筑时，在山墙合适位置应预埋钢板条，用于固定左右卡膜槽。

69. 日光温室外保温覆盖物应如何安装？

温室前屋面外保温覆盖材料应在温室建成后进行安装。常用的保温覆盖材料是草苫或保温被。

草苫安装时，将顶部用绳子固定在脊檩上，下端与卷帘机的卷帘轴绑扎牢固。保温被铺设时从一侧开始铺起，后铺的保温被压住先铺的，搭接宽度不应小于 10 厘米，搭接处若为气眼，可用尼龙绳依次串起气眼，连接保温被成为整体；若一侧为气眼一侧为绑扎绳，将绑扎绳从气眼穿过绑扎紧。保温被顶部固定在温室后屋面预先设置的角钢上，下部与卷帘机的卷帘轴绑扎牢固。在容易出现大风的地区，保温被覆盖好后，应在大棚东西墙体上搭压30 厘米，用沙袋压好，防止大风将保温被吹起，降低保温效果。

日光温室多使用棚面自走式大棚卷帘机进行机械卷帘，也叫前屈伸臂式大棚卷帘机。棚面自走式大棚卷帘机的基本工作原理是通过主机转动卷杆，卷杆直接拉动草苫或保温被，采用正反转电机，收放均有动力支持，是目前应用较为广泛的一种卷帘机类型。由主机、支撑杆、卷杆三大部分组成。根据卷帘机支撑杆的不同，分为支架式大棚卷帘机和轨道式大棚卷帘机，前者的支撑杆由立杆和撑杆两部分组成，后者的支撑杆由加固三角架组成的轨道式滑杆组成。

70. 设施日常使用和维护有哪些注意事项？

设施在日常使用中处于日晒、风吹、雨淋、高湿等恶劣环境下，应按要求正确使用和维护，保证其性能的有效发挥，延长其使用寿命。

（1）基础维护 设施使用过程中应注意基础的变化情况。由于大多数的设施都属于轻体结构，容易受大风、暴雨等灾害性天气的影响。而基础和地基是设施的最终受力构件，直接影响着温室的安全。对于骨架直接埋置在土中的塑料大棚，更要注意大棚骨架的埋设是否安全扎实。一般金属装配式塑料大棚安装完后，经过第一场大雨后，应再次培土夯实。大风后，应观察基础情况，查看骨架有没有出现上拔现象，判断其抗风能力，必要时应加固基础。设施建造和使用时，应在周围修建和维护好排水沟，保证排水沟通畅并与排水干渠相连，防止发生雨水长期浸泡基础的情况。

（2）骨架维护 大棚骨架多使用钢材，虽然建造时都经过防锈处理，有抗腐蚀能力，但是在使用过程中，应经常观察骨架变化。如果棚架上出现白点属于正常情况，不必去除；如果表面出现锈迹，应除锈后刷防锈漆保护。大风、雨雪天气前，应对设施骨架进行全面检查，紧固各连接件，保证连接牢固。

（3）棚膜维护 塑料薄膜都有一定的热胀性，高温时容易发生松弛，在风力作用下出现上下鼓张，极易造成薄膜破损。因此，如果发现薄膜松弛，应将压膜线收紧，将棚端和接头处的薄膜卡紧。在长期使用中，若薄膜发生破损，应及时进行修补，否则容易被大风撕裂，导致较大裂口，大风一旦进入棚室内，大棚有整个棚膜被掀掉的可能。

（4）棚膜清洗 棚室长期使用后，薄膜上容易积灰，使其透光率大大降低。因此，应根据使用情况，定期对棚膜进行清洗，以保证室内采光。特别是越冬和早春栽培的设施，此项工作尤为重要。清洗时应选择晴天中午或下午气温较高的时段进行，用软管将水喷到棚顶，采用长柄软毛刷分段清洗。

71. 大雪天气如何维护温室大棚安全？

温室大棚常常面临着雨雪天气的考验，积雪压塌棚室现象时有发生，生产中应高度重视，可采取以下几方面措施维护棚室安全。

（1）及时清扫棚面积雪 关注天气预报，有大雪天气时，应增加管理人员，准备专业除雪工具，及时清扫积雪。下雪前，可在日光温室保温被或草苫上增加一层塑料薄膜，不仅可避免落雪沾湿外覆盖物，也易于清除积雪；没有外覆盖的塑料大棚应将棚膜张紧，防止棚上积雪不易滑落。设施内没有种植作物的棚室，可将大棚薄膜收至棚顶固定，避免棚室安全受积雪影响。若面临强暴雪天气，棚面积雪深度达 20 厘米以上，来不及除雪时，可每隔 3～5 米将薄膜划一道口子，使雪落到棚室内，防止骨架变形和棚室坍塌。

（2）增设支柱 对于有立柱温室大棚，要适时检查立柱是否直立，立柱和骨架的连接是否牢固，如果松动要及时重新连接牢固；对于无立柱温室大棚，遇到大雪情况，应根据大棚的宽度，在拱架底下每隔 3～5 米加一根临时立柱，以加强棚架承载能力，降低塌棚风险。

（3）棚室设计和建造应标准 标准合理的设施结构是安全的前提。棚室设计和建造时，应严格按照标准进行，选择合格的建筑材料。冬季容易积雪的地区设计骨架时，靠近屋脊处的前屋面角不应小于 15°，使积雪容易滑落。

（4）适当加温 有条件的温室，应采取电加热、点燃燃烧快的临时加温措施，增加棚室温度，主动融雪，同时可避免温室内作物受冻害。

72. 设施内的光环境有哪些特点?

设施内的光照环境不同于露地。室外太阳辐射到达设施透明覆盖材料上产生反射、吸收和透射,而设施内物质对光也有反射和辐射,两者综合作用形成了设施内的光环境。光照环境受温室方位、设施结构、覆盖材料特性及新旧洁净程度等多方面因素的影响,其中主要影响因子是覆盖材料的透光性能与温室结构材料。温室光环境包括光强、光质、光照时数和光的分布四个方面,它们都从不同方面影响着设施内作物的生长发育。设施内光环境有如下特征:

(1) **总辐射量低,光照强度弱** 设施内的光照强度是太阳光进入设施的量,在太阳光进入设施的过程中,经骨架材料的遮挡、透明覆盖材料的吸收和反射、覆盖材料上结露的吸收和折射后,透光率会下降,仅为室外的50%～80%,如果薄膜老化或棚膜积尘严重的话,透光率会下降到50%以下。寒冷的冬春季节或阴雪天,透光率只有50%～70%,这在冬季往往成为喜光果菜类作物等生产的首要限制因子。

(2) **光质组成与室外差异很大** 由于透光覆盖材料对光辐射不同波长的透过率不同,一般紫外光的透过率低。但当太阳短波辐射进入设施内并被作物和土壤等吸收后,又以长波的形式向外辐射时,多被覆盖的玻璃或薄膜所阻隔,很少透过覆盖物外去,从而使整个设施内的红外光长波辐射增多,这也是设施具有保温作用的重要原因。

(3) **光照分布不均匀** 设施内的太阳辐射量,特别是直射光总量,在温室的不同部位、不同方位、不同时间和季节,分布都极不均匀。例如,南北向的塑料大棚是东侧上午强,西侧下午强;日光温室南北方向上的水平分布不均匀,室内前沿光照最强,中部次之,近后墙处光照最弱。设施内光分布的不均匀性,使得作物生长也不一致，增加管理难度。

（4）光照时数少　有外覆盖的设施光照时数一般比露地短。寒冷季节为了保温，一般日出后才揭开外覆盖，而日落前就要盖上，作物受光时间一般在 7～8 小时。

73. 如何应对雾霾天气对设施蔬菜的不利影响？

持续的雾霾天气下，颗粒污染物悬浮于空中，阻碍太阳光的传播，造成光照不足，作物失去了所需要的光照和热量，使光合作用减少而影响其生长发育，长时间的雾霾天气还对设施内蔬菜的生长发育有其他诸多不利的影响。

（1）霾对温棚蔬菜的影响　霾对农作物及植物的危害主要表现为两个方面。一方面，光照时间短，光照强度弱，不利光合作用，影响室内升温。一般情况下，阴雾霾天的光照不足，光照时间缩短了 3～4 个小时，甚至 6～8 小时。光照不足，使大棚内蔬菜的光合作用降低，光合产物减少，不能满足蔬菜生长所需的养分，影响生长。阴雾霾天气下，大棚内的温度很难升高，一般情况下棚内夜间温度在 10℃左右，白天温度在 15℃左右，不能满足蔬菜正常生长所需要的温度，容易引起叶片皱缩，不能伸展，新叶不易抽出，形成小老苗、僵化苗，甚至出现冻害。另一方面，空气湿度大，容易引发病害。雾霾天光照不足、气温低，很少对棚内进行通风换气，即使换气棚内的空气湿度也降低较少。较高的空气湿度容易诱发病害发生和流行。

（2）科学应对雾霾天气的危害

多种措施并用，提高设施内温度　利用多层覆盖，改善保温效果。可采取增加外层草苫、内层保温幕，在棚内扣小拱棚，夜间覆盖薄膜与草苫；铺设地膜，提高气温和地温，降低棚内空气湿度；非强降温天气，尽量延长光照时间，以增光蓄热；在棚内温度低于 8℃时要考虑适时人工加温，利用温室增温燃烧块、电热线、热风炉等设施，提高棚内温度。

改善设施内光照　保持棚膜清洁、及时消除膜内水滴，充分保持棚膜的透光性；只要揭苫后气温不下降，或下降范围在1～2℃以内，都要适时揭苫让蔬菜见光，可以在中午前后高温期，让蔬菜见光；通过地面铺盖反光膜、墙面挂反光膜、内墙和立柱表面涂成白色等措施，充分利用反射光。有条件的地方在棚内可悬挂白炽灯，使农作物有充足的光照进行光合作用；通过整枝抹杈、摘除老叶等综合农业措施，改善作物群体间光照条件。

科学进行肥水管理　减少化肥尤其是氮肥的施用，适量增施磷钾肥、生物肥、腐熟有机肥等，以利于提高蔬菜的抗寒性，减少有害气体的排放。喷赛碧护、甲壳素等营养药物，促使植物光合作用和营养吸收。注意通风排湿，即使是雾霾天气，也要适时地打开通风口进行通风除湿，通风最好是在中午前后外部空气湿度最小、且温度较高时进行。采用地膜覆盖、裸露地面铺秸秆等方法减少土壤水分蒸发、吸湿。要谨慎灌溉，雾霾低温天气不可进行灌溉，这会造成土壤温度降低，不利于农作物生长。

注意防病　在持续雾霾天气时，要及时清理病叶、老叶、枯叶，防止造成病菌滋生和污染；喷赛碧护、甲壳素等营养药物，注意通风排湿，注意蔬菜疫病、灰霉病的发生和蔓延。

74. 设施内蔬菜栽培如何进行变温管理？

设施栽培的变温管理法就是利用日光温室生态环境的可控性，分阶段地创造最有利于作物生长的温度环境，从而达到提高蔬菜质量和产量的目的。

冬季不加温设施，设施内温度随外界温度呈周期性日变化，白天温度高，夜间温度低，昼夜温差大。温室内作物栽培时应满足作物最低温度、最适温度和最高温度的基本要求。同时，为了使作物能最大限度地积累营养，要求温度环境有一定的昼夜温差值，白天保持适当高温利于光合作用，夜间保持适当低温有利于降低呼吸消耗，减少物质能量消耗，实现高产。基于以上要求，可通过人为控制，对设施内作物实现四段变温管理，满足蔬菜生长需求；而且也顺应了设施内温度的变化规律，减少加温，经济节能。

对于需要大温差管理的蔬菜，例如黄瓜、茄子、香瓜等，可采用上午 25～30℃但最高不超过 32℃、下午 25～20℃、上半夜 20～15℃、下半夜 10～15℃的变温管理方法。对于需要小温差管理的蔬菜，例如甜椒、西葫芦、芸豆等，可采用上午 24～28℃，最高不超过 30℃；下午 20～24℃；上半夜 16～20℃；下半夜 12～16℃的变温管理方法。

以黄瓜为例，四段变温管理法可使用以下具体方法操作：

（1）早晨揭开草苫后，使温室温度尽快上升到 25℃，开始逐渐加大顶部通风口，并保持温度缓慢上升；当升至 28～30℃时，保持此时的风口宽度，并尽可能地维持在 25～30℃的时间长一些。25～30℃是叶片进行光合作用效率最高的温度，这样做可延长光合作用时间，光合产物生产得就越多，黄瓜产量也会越高。

（2）下午当温室温度降至 25℃时，开始逐渐缩小通风口开启大小，当温室温度降至 23℃时，关闭风口，将日落时的温室温度调整为 18～20℃，放下草苫并维持这个温度。若日落时的温室温度高于 20℃，要进行短时的通风调温至 18～20℃。20～25℃是光合产物积累的温度阶段，下午管理措施可有利于光合产物的转化运输。

（3）夜间做好保温措施，将上半夜温度维持在 15～20℃，这是光合产物转化运输的温度段，将光合产物从叶片转化运输到根、茎、果实、生长点等各个部位。否则，光合产物不能及时彻底转化运输，长期积累在叶片中，就会出现叶片黄化皱缩，质地脆裂，叶片老化速度加快，缩短功能期。该阶段应控制温度的变化过程为20℃→15℃。下半夜温度维持在10～15℃，这是抑制光合作用产物消耗的温度段，当温度高于15℃，作物呼吸旺盛，呼吸消耗养分过多，不利于养分积累；当温度低于10℃则造成低温障碍，甚至造成冷害和冻害。此阶段应控制温度的变化过程为15℃→10℃→15℃。

75. 冬春棚室如何防止蔬菜冻害？

每年冬春季，因寒流、大棚保温设施不够完善、放风量过大等因素，致使大棚蔬菜遭受冻害或冷害，所以在此提醒菜农注意防范。

蔬菜受冻程度不同，植株表现有所差异，一般有叶片受害、生长点受害、根系受害和花果受害。叶片受害属于轻度冻害，在子叶期受害表现为子叶边缘失绿，出现"镶白边"，温度恢复正常后真叶生长不受影响；定植后遇短期低温或冷风侵袭，植株部分叶片边缘受冻会呈暗绿色，逐渐干枯。生长点受害属于较严重的冻害，常造成顶芽受冻，不发新叶，天气转暖后如不能恢复须补苗。根系受害表现为根系生长停止，不能发生新根，部分老根发黄，逐渐死亡。温度骤然上升，植株会萎蔫或生长速度减慢。受害严重的植株难以恢复生长。蔬菜开花期遇低温天气会影响授粉受精效果，造成大量落花落果或畸形果。

冬春季节棚室应做好以下预防措施，防止蔬菜发生冻害。

（1）苗期要做好低温炼苗　秧苗生长期间，严格控制温度，不使温度过高而造成幼苗细弱徒长，并采取大温差育苗措施，提高秧苗的抗逆性，在分苗和定植的前两天，苗床需加强通风，进行秧苗低温锻炼。

（2）严格掌握好定植时期　为促进定植后的蔬菜及时缓苗，冬春季节应选择冷尾暖头天气定植，以利定植后缓苗迅速，提高抗逆性。

（3）加强覆盖保温 低温定植后，可在棚内扣小拱棚，用细竹竿等作拱架，夜间覆盖薄膜，有条件的还可在薄膜上覆盖草苫；在大棚内覆盖地膜，可增温保湿；棚内底部用塑料膜作围裙，可以明显减少底部的冷空气侵袭；还可在大棚内设天幕，增强保温效果；严寒季节注意堵塞各处的缝隙，尽量减少缝隙散热。

（4）人工临时性加温 当大棚内白天温度低于 15℃，夜间温度低于 8℃时，就有可能发生寒害或冻害，夜间要采取临时加温措施，具体方法是：在棚内远离蔬菜处，点燃干秸秆或锯末等烟熏，或烧蜂窝煤炉，能暂时有效提高大棚温度，但需注意及时通风排除有害气体。还可在棚内用照明加热，有条件的可利用成套临时加温设备，人工补充热能。

（5）低温危害后的管理 蔬菜在遭受到不同程度的冷害或冻害后，要积极采取补救措施。①避免光照。受冻蔬菜不能马上接受光照，应该用草帘或棉被等物覆盖在棚膜上，或用报纸等不透光物覆盖在受冻蔬菜上，使受冻蔬菜缓慢解冻，恢复生长。②缓慢升温。大棚内不可采用急剧升温的措施来解冻，除遮光外，还可以采用适当放风等措施，使棚温缓慢上升。③补充水分。蔬菜受冻后，可适当浇水，也可在受冻后的早晨，马上用喷雾器给蔬菜及地面上喷清水，防止地温继续下降和受冻蔬菜脱水干枯。④喷药防病。在蔬菜恢复生长后，剪除冻死部分，酌情用50％速克灵可湿性粉剂 2 000 倍液喷雾，或用 10％速克灵烟熏剂熏蒸，以防灰霉病。⑤加强管理。受冻蔬菜缓苗后，应防再次受冻，及时松土，适量追施速效肥，促进生长。

76. 夏季如何降低棚室内夜温？

夏季天气晴好，光照强烈，温度很高，棚外最高温度一度达到 37℃。而在棚内，温度更是比棚外高出不少，中午最高温度经常超过 40℃。而夜间温度，则普遍要高于 20℃，大大超过了蔬菜正常生长的夜间温度。温度过高，尤其是夜温过高，使得植株呼吸作用过旺，植株往往比较细弱，开花坐果难。

降低棚温是种好越夏蔬菜的关键，夜间基本没有光照，有机营养处在单纯消耗的状态下，若温度过高，呼吸作用一直维持在高强度，会导致白天制造的有机营养大量消耗，这是导致植株细弱、落花落果的主要因素，因此一定要加强注意夜温的控制。

降低蔬菜大棚的夜温与冬天大棚保温正好相反，即在冬季需要通过提高大棚储热量来保温，而夏季则要降低大棚的储热量来实现降低夜温的目的。大棚储热构件是棚内土壤、棚墙以及立柱等。这些构件在白天强光照射下存储了大量的热，到了夜间便缓慢散发出来，造成夜温过高的状态，要降低夜温就要从这几方面入手。

首先，白天多种降温措施并用，降低棚内温度，减少棚室设施吸热量，为夜间降温打好基础。在加强通风的同时配合遮阳进行降温，将通风口开到最大，且夜间不再关闭，遮阳可通过铺设遮阳网，或在棚膜上喷布泥浆、墨汁或降温剂等，降低棚膜透光性，减弱棚内光照，从而起到降低棚温的目的。但是应注意，使用遮阳网时间不可过长，晴天不宜超过 6 个小时，阴天时要全部收起，以免影响光合作用。另外，在叶面喷施甲壳素或氨基酸、海藻酸等叶面肥，可在叶片表面形成保护膜，提高叶片的抗逆能力。还可以采取喷水降温，中午前后棚内温度高时在棚内喷布清水，利用水的比热容最大的特性来吸收热量，以降低棚内温度。

其次，合理整枝保证合理的株形结构或覆盖秸秆，合理浇水，减少土壤见光，降低土壤储热量。一般来说，冬季在落蔓时，要求菜农将下部的老叶、病叶疏除，以提高地温，减少病害发生。而夏季，除去下大雨，大棚几乎日夜通风，棚内湿度较小，最好不要将下部老叶去除，以此遮挡强光照射，防止地温快速升高，避免夜间过多散出热量。对于定植时间不长、植株尚未完全覆盖地面的棚室，建议在行间覆盖一层秸秆，延缓地面的升温。另外，棚内合理浇水也是减少土壤储热的重要手段，保持土壤表层湿润，水分蒸发时就可吸收大量的热，可防止地温过快升高。

再次，减少棚墙的储热量。可用无纺布等将大棚后墙遮挡起来，也可在棚墙处种植豆类、瓜类等蔓生作物覆盖墙体，以减少棚墙储热量。

77. 为什么设施内作物栽培要进行二氧化碳（CO_2）施肥？

众所周知，二氧化碳气体是作物光合作用的重要原料，二氧化碳供给不足会直接影响蔬菜正常的光合作用，而造成减产减收，它对作物生长发育起着与水肥同等的作用。发达国家将二氧化碳称为气体肥料，非常重视二氧化碳气体的人工补充。但是，为了保持温度，设施通常都是封闭的，这样，势必造成了设施内的二氧化碳浓度越来越低，作物光合作用非常缓慢，有时甚至会停止光合作用，造成作物抗病虫害能力低、产量减少、品质下降、生产周期延长等问题。所以，设施栽培中，二氧化碳气体增施技术作为一种实现蔬菜栽培高产、优质、抗病的重要技术措施，越来越受到关注。

根据我国一般棚室的管理规律，设施内二氧化碳浓度的日变化规律是：在夜间，由于作物的呼吸作用、土壤微生物活动和有机质分解生成二氧化碳，室内二氧化碳不断积累，使室内二氧化碳浓度很快增加，早晨揭苫之前浓度最高；日出后，揭开外覆盖物，作物光合作用加强，又大量消耗棚内夜间积存的二氧化碳，使其浓度急剧下降，日出后 1 小时，二氧化碳浓度下降至 300 毫克/升（空气中二氧化碳浓度约为 360 毫克/升）左右，日出后

2～3 小时后，如果不通风换气，其浓度将继续下降，甚至降到作物的二氧化碳补偿点 80～150 毫克/升，这时，由于二氧化碳的浓度过低，叶片的光合作用基本停止。通风换气后，外界二氧化碳进入室内，浓度有所升高，但由于冬季通风口一般较小，通风量不足，补充二氧化碳数量有限。因此，从日出后半小时到通风换气这段时间内，二氧化碳最为缺乏，已成为作物生长的重要障碍，在这段时间内，必须用人工增施二氧化碳来补充棚内该气体的不足。

增施二氧化碳不仅可提高作物光合速率，而且随着提高设施内二氧化碳浓度，作物光补偿点也会下降，可提高光能利用率，弥补弱光下的光合损失。综合起来，增施二氧化碳效果非常显著，番茄、黄瓜、辣椒等果类蔬菜可平均增产 20%～30%，茄子、草莓甚至高达 50%，并且可促进开花，增加果数和单果重，改善内涵品质。

78. 二氧化碳（CO_2）施肥技术应注意哪些问题？

设施内增施二氧化碳时，往往受到光照强度、土壤水分含量、气温等多种环境因素的制约，这些要素决定着增施二氧化碳气肥效果的好坏。增施二氧化碳时，应明确是否需要增施二氧化碳气肥，合理把握二氧化碳使用量、施用期和施用时间，相应调整温、光、水、肥等环境条件，做到科学增施，获得最佳效果。

（1）选用廉价二氧化碳肥源　我国的棚室内多数使用有机肥进行栽培，土壤内有机物分解旺盛，一般情况下，每亩若年施猪粪≥4 米^{3}或年施鸡粪≥6 米^{3}或年施豆饼≥7 米^3，则基本可不需要大量增施二氧化碳气肥。否则，应增施二氧化碳气肥。目前，生产上可利用的二氧化碳肥源较多，有直接利用工业副产品二氧化碳，有利用白煤油或液化石油气燃烧生成二氧化碳，这些肥源成本高，且易污染室内。生产中可采用稀硫酸加碳酸氢铵生产二氧化碳，价格低，原料来源广，操作方法简单，应用效果好，无污染。具体方法如下：以棚室内面积为基数，定量将稀硫酸装入手提的塑料桶中，然后将碳酸氢铵逐渐放入桶内，生成二氧化碳，3～5分钟反应完毕，人也在棚室内走了一个来回，回到出口处，提出塑料桶。化学反应生成的硫酸铵回收后作肥料施入棚室内。

每日所需硫酸的用量（克）＝每日所需碳酸氢铵的量（克）×0.62

每日所需的碳酸氢铵的量（克）＝大棚体积（米^3）×

计划 CO_2 浓度×0.0036

（2）确定经济二氧化碳施肥浓度 从光合作用角度出发，接近饱和点的二氧化碳浓度为最优施肥浓度。一般情况下，蔬菜的二氧化碳饱和点为1 000～1 500毫克/升，但不同作物品种随着叶面积、温度、光照的变化二氧化碳饱和点也发生变化，而且随着浓度增大，逸出量增加，经济上不合算。生产实践证明，大棚蔬菜二氧化碳施肥，在蔬菜作物生长的中前期，叶面积系数小，二氧化碳施肥浓度应在600～800毫克/升为宜。温度低，光照弱时，二氧化碳施肥浓度应在800毫克/升为宜。二氧化碳施肥浓度高于1 000毫克/升后，进一步增产作用很小，而且成本较高，经济效益低，甚至会导致气孔开放度缩小，降低蒸腾速度，使叶温升高，出现萎蔫现象。

（3）把握好施肥时期和施肥时间 大棚蔬菜整个生育期施用二氧化碳均有增产效果，但差异较大，应把握好施肥时期。苗期叶面系数小，吸收二氧化碳量小，利用率低，施用二氧化碳虽有壮苗作用，但也容易产生植株徒长。因此，定植至缓苗期不施二氧化碳气肥，苗期也应不施或少施。叶菜类，在起身发棵期开始进行二氧化碳施肥，此期叶片活力强，叶面积系数增大，光合生产率高，二氧化碳利用率高，增产幅度大。茄果类蔬菜开花前一般不施肥，待开花坐果期进行施肥，可使光合生产率提高，有机物质积累增多，促进果实膨大，提高果实产量。

施肥时间应从日出半小时后开始，随着光照强度增大，温度提高，施用二氧化碳浓度逐渐加大，达到确定的饱和浓度为止。一般在放风前半小时停止施用，严寒季节不通风时，可持续使用到中午再停止。阴雨天一般不施肥。

（4）加强地下肥水管理　经二氧化碳施肥后的作物，地上养分增加，光合作用增大，根系吸收能力增强，增加了对水分和养分的需求，肥水施用量也要相应增加，使地上和地下营养平衡。为避免肥水过大造成作物徒长，茄果类蔬菜应注意适当增加磷钾肥，瓜类和叶菜类适当增施氮肥。

（5）提高温度和光照　设施蔬菜实行二氧化碳施肥后，要相应提高室内温度和光照。生产实践证明，当二氧化碳浓度达到1 000毫克/升时，白天室内温度应提高2～4℃，施肥停止后，按正常温度管理。叶温降低1～2℃，以增大温差，保证植株生长健壮，防止徒长。同时要提高棚室密闭性，注意夜间棚室保温，减少二氧化碳外渗量，提高二氧化碳的利用率。早晨日出揭苫后，应及时清除棚顶灰尘和障碍物，增强室内光照强度和升温速度，必要时可进行人工补光，提高二氧化碳施肥效果。

（6）做好降湿工作　使用二氧化碳施肥后，通常采取延迟通风时间，增加白天温度的方式管理棚室，导致换气量减少，相对湿度大，应采取措施做好降湿工作。一方面可采用膜下滴灌方式，减少土壤蒸发；另一方面可在棚室内利用无纺布增设二道保温幕，起到吸湿透气增温的作用；同时棚膜应选用防雾滴性能好的塑料薄膜，以减少棚室内结露造成的危害。

79. 设施内要如何防止有害气体危害蔬菜？

由于设施长时间处于密闭状态，常常会存在有害气体的积累，从而导致设施蔬菜中毒，甚至成片死亡。在棚室管理时应特别留意有害气体发生特点，采取有效防治措施，产出安全优质产品。温室中危害较多的有毒有害气体有以下几类：

(1) **氨气**　氨气主要来源于土壤中施用的有机肥和化肥，在棚室内施用过多的未腐熟有机肥或碳酸氢铵和尿素等化肥，都会释放出大量氨气。当氨的浓度超过 5 毫克/升时，作物就会受到伤害，作物的幼嫩组织和中上部叶片最容易受害。对氨气敏感的蔬菜有番茄、黄瓜等，一般症状是最初叶片像被开水烫过一样，出现水渍状深绿色斑，干燥后变成褐色，逐渐枯死。

(2) **亚硝酸气体**　亚硝酸气体也主要来源于未腐熟的有机肥或尿素，当空气中的亚硝酸气体含量达到 2 毫克/升时，会使茄子、番茄、辣椒等敏感蔬菜受害，其症状主要发生在靠近地面的叶片上，开始也像被开水烫过一样，叶片上出现水渍状深绿色斑，其后由于亚硝酸的酸化作用，使叶脉间逐渐变白，严重时仅留叶脉，叶肉漂白而枯死。对亚硝酸敏感的蔬菜有黄瓜、莴苣、番茄、青椒、茄子等，其中茄子最敏感。

(3) **二氧化硫**　二氧化硫主要来源于设施加温燃煤、有机肥氧化分解以及硫黄胶悬剂等含硫农药。当设施空气中二氧化硫浓度达到 0.2 毫克/升时，作物开始受害，主要症状是在叶脉间出现点状或块状灰白色或黄褐色斑，当二氧化硫浓度达到 1 毫克/升时，叶片立刻就会表现出明显的受害症状，导致叶片褪绿、组织脱水、干枯。当二氧化硫浓度达到 10 毫克/升时，叶片全部变黄枯萎，只留下网状叶脉，最后枯死。黄瓜和西葫芦在开花结果期对二氧化硫非常敏感，只要存在二氧化硫就会出现明显症状。

(4) **乙烯、氯气**　乙烯主要来源于棚室内的塑料薄膜或塑料管道等，增塑剂使用不当的塑料制品在阳光暴晒后或高温条件下就会挥发出如乙烯、氯气等有毒气体。空气中氯气的浓度达到 0.1 毫克/升，接触 2 小时就能使萝卜受害，浓度达到 0.5～0.8 毫克/升，接触 4 小时后，大多数蔬菜都会受到伤害；乙烯浓度达 0.05 毫克/升时，多种蔬菜会出现叶片下垂、叶片褪绿、发黄、落叶等症状，并且对番茄幼苗具有抑制作用，在 0.1～3 毫克/升的浓度范围内，番茄、茄子等都会出现花、蕾、幼果及叶片的非正常脱落。

（5）**一氧化碳** 一氧化碳主要来源于设施内临时加温。一氧化碳对作物生长影响并不大，但由于其无特殊气味，人们不易发觉，因此对设施管理人员的危害较大，浓度高时可使人窒息。

针对棚室内经常发生的有害气体，可采取以下措施进行防治：①合理施肥。棚室内要施用完全腐熟的优质有机肥，不施用未充分腐熟的厩肥、粪肥，不施用挥发性强的碳酸氢铵、氨水等，少施或不施尿素、硫酸铵，可适量使用硝酸铵。施肥要做到基肥为主、追肥为辅。追肥要少施勤施，开沟深施，施后盖土，不要撒施。②通风换气。应根据设施内的温度高低、天气状况适时通风换气，通风换气不仅是排除有害气体最简单有效的方法，而且是调控棚室温湿度的主要措施。③选用优质农膜。选用厂家信誉好、质量优的农膜、地膜进行设施栽培，同时要注意在设施内不要存放陈旧的塑料棚膜。若危害已经发生，应及时采取应对措施，降低设施内有害气体浓度。④安全加温。加温炉体和烟道要设计合理，要求保密性好。严禁直接使用炭盆加温，最好选用含硫量低的优质燃料进行加温。⑤做好生产管理。经常进行田间检查，及时发现植株症状。有害气体产生的危害发生时不同于病害，发病面积大，扩散速度快，一般没有中心发病植株。一旦发生应根据作物症状和棚室实际情况辨明问题所在，及时采取针对性措施。如发现大棚蔬菜遭受二氧化硫危害，须及时喷洒 2%～3%石灰水溶液。黄瓜遭受氨气危害，要迅速在叶的反面喷洒 1%食醋溶液。

80. 设施内"多年重茬"容易出现什么问题？

同一块土地三年或三年以上连续栽培同一种作物，称之为重茬，也叫连作。多年重茬会造成作物产量下降，品质降低，病虫害多发，甚至造成绝收，称为连作障碍。设施内多年重茬后会出现土壤酸化、盐渍化严重，耕作层变浅，土壤内部微生物失衡，自毒物质严重积累，造成连作障碍，主要表现在以下几方面：

(1) 土壤中营养元素失衡，盐渍化严重　多年重茬后，土壤容易出现养分失调，土壤表层盐类积聚，物理结构遭到破坏，引起土壤酸化、板结等一系列问题。发生渍化的土壤盐分浓度高，使作物吸水困难，根系生长不良，蔬菜作物抗逆性减弱，病菌侵袭引起猝倒或青枯死苗。如黄瓜和番茄定植后缓苗慢、叶色变深、叶片变小、缓苗后生长速度慢，严重时黄瓜叶片边缘干枯，有"花打顶"症状，黄瓜有明显的苦味；番茄叶片变小，呈灰绿色，落花及僵果率明显增加。

生产上的主要原因有：①盲目施用化学肥料和农药，盐分积累。为了促使作物生长、防治病虫害，设施蔬菜在栽培过程中大量施用化学肥料、农药等，而连坐土壤种植种类单一，作物吸收土壤中养分种类相似，使得土壤中某种元素消耗过量，而其他元素大量富集，这些元素与土壤中离子结合形成盐分在表层聚集，造成土壤酸化严重，植株根系烧伤、破损；土壤 pH 显著下降，引起土壤酸化，而酸性土壤更有利于病原菌的生存，病原菌乘机侵染根系，造成蔬菜大面积发病。②土壤缺少雨水淋溶，加重盐渍化。设施蔬菜为了克服低温季节限制，常年进行覆盖或季节性覆盖，土壤得不到雨水的淋洗，使得盐分不能及时流走。设施内温度又较高，蒸发量大，下层土壤中的盐分随水分沿土壤毛细管上升，进一步增加了表层土的盐分积累。③有机肥料施用不足或施用方法不当，效果差。植物在生长过程中，不仅需要无机肥料，而且需要有机肥料。多数的蔬菜种植户在有机肥料方面投入不足，仅靠配方施肥来加速蔬菜的生长，殊不知这种强化肥料式种植方式是对土壤养分严重掠夺，虽然看上去蔬菜长得比较好，但是营养不均衡，品质不好，口味很差，且不耐储藏。有的施用有机肥，但施用的有机肥未经过严格腐熟，其中含有的病原菌和线虫比较多，施到田里，反而加重病害的发生。④翻耕不足，表层土壤营养成分缺乏，病虫危害严重。设施蔬菜的耕作多采用旋耕方式，深翻耕的较少，在浅根系蔬菜的摄取下，表层土的营养被掠取，深层土壤中的营养无法到达表层，供作物吸收利用。此外，长期种植单一蔬菜品种，吸引大量病原微生物向地表汇集，集中危害土壤健康。

（2）**土壤微生物活性发生变化，病虫害加剧**　土壤中有益和有害微生物失衡。重茬连作的植株残体和根系分泌物为根系病原菌提供了营养和赖以生存的寄主以及繁殖的场所，使得土壤中的病原菌数量不断增加，而化肥的过多使用导致有抗性的有益菌数量和根系活力大大降低，加重了土传病害的发生。在设施内，病原菌不仅可在土壤中积累，也可保存在支架和墙壁上，病害的传入途径多，发生基数比较大。

（3）**植物分泌自毒物质常年积累**　植物在生长过程中，根系会产生大量分泌物，这些分泌物有的能够促进根系利用营养物质；有的起到抵御作用，抑制同类作物生长。抵抗同类作物的分泌物叫自毒物质。这些自毒物质通过影响细胞膜透性、酶活性、离子吸收和光合作用等多种途径影响同类植物生长。后茬作物接触和吸收土壤中的自毒物质后，会导致作物种子和生长发育不良，水分和养分吸收、光合作用、呼吸作用、活性氧代谢、细胞分裂等正常的生长及生理生化过程发生紊乱，造成后茬作物生长发育不良。自毒物质除上述的直接抑制作用外，还有间接破坏作用。植物的根系分泌物对病原菌和线虫来讲既是营养物质，又是定向趋势引导物质，它可以诱发病原菌和根结线虫向根系聚集危害，加速土传病害的发生。研究表明自毒物质在土壤中很难消除，对同种或同科作物连作种植产生巨大的抑制作用，是导致作物产生连作障碍的原因之一。

81. 如何避免设施内"多年重茬"带来的不利影响?

由于设施内土壤固定，大多种植单一，连坐障碍多发，克服连作障碍可从以下几方面入手：

(1) 土壤管理

清洁田园，腐化秸秆 生产中，栽培管理人员在这方面做得远远不够。许多人仅仅将地上部分砍除或干脆不拔除，就栽种同类作物；即使拔除秸秆也把它放在棚室外面，任凭风吹雨淋。这样做法只能加重大棚内病虫害的数量，提前发生连作障碍。科学的做法是彻底清除上部秸秆和根系，集中深埋或将秸秆放入腐化池内，盖上薄膜密封、浸泡腐熟，杀灭病原菌和线虫。等到来年夏季高温后，做下一茬种植的有机肥。

高温焖棚消毒处理 高温焖棚是在夏季高温季节设施蔬菜休闲期间完全密闭棚室，利用太阳能或蒸汽提高土壤温度，从而起到灭菌作用，该方法可使白天地表温度达 60~70℃，10 厘米地温达 50℃以上，有效杀死病原菌和虫卵，且无毒副作用。有些人进行焖棚效果不好，主要在于焖棚技术不过关。究其原因主要有两方面：一是大棚焖棚温度太低，浅表层土温还不能杀死病原菌；二是许多农户不翻耕土壤，直接清除地表秸秆后就焖棚，这样深层土壤和根系中还残留大量的病原菌和线虫，无法杀死。正确做法应该是：完全清除植株后，每亩均匀撒施 100 千克生石灰粉，3 000 千克麦秸或玉米秸（铡成约 5 厘米长的秸秆段），6~8 米³生鸡粪或其他畜禽粪便，5 千克微生物腐熟剂（先用 3~5 倍的麸皮稀释，便于撒匀），深翻土壤至少 30 厘米，大量灌水，使病原菌芽孢和线虫游离出来，有利于进一步杀死它们，然后使用透明薄膜覆盖土地，可进一步提高土温，最后密闭棚室。夏季一般 10～15 天可完成消毒，进行通风透气，揭去地膜，旋耕一遍，再进行整地。该方法对根部病害、根结线虫的防效可达到 80％以上，还可显著减轻嫁接口细菌性腐烂病的发生。此外，土壤中有益微生物增多，地力改善明显，当茬的增产和品质改善效果十分显著。

（2）科学施肥 针对目前蔬菜施肥过量，肥料种类不平衡等问题，在施肥原则上，应以有机肥为主，化肥为辅，有机氮肥和无机氮肥之比不应低于 1∶1。操作中应注意以下三个方面：

有机肥要充分腐熟，适量施用 目前，大部分地区养殖业发达，粪肥来源广泛，品种繁多，但使用前必须要充分腐熟，否则不仅会传播病虫害，在其发酵过程还会烧苗或造成氨害，特别是施用生鸡粪问题最为严重。腐熟方法是：鸡粪和作物秸秆按 1∶（1～1.5）的比例混合后堆沤或高温发酵，一般发酵 30 天以上。如果添加微生物发酵菌种，可加速腐熟，堆温可升至 65℃左右，杀菌彻底，发酵周期会缩短至 10～15 天，且肥效优于自然发酵粪肥。发酵好的粪肥与磷肥混合后底施，可减少磷的固定，提高肥效。粪肥的用量一般掌握在每亩 8～15 米^3，鸡粪的用量不超过 8 米^3。

控制化肥用量，科学平衡施肥 以土壤养分测定结果和蔬菜的需肥规律为基础，确定肥料施用量。一般掌握无机氮肥（纯氮）的最高施用量为 15 千克/亩，高肥力地块（有效磷在 80 毫克/千克以上、速效钾在 180 毫克/千克以上时），当季可不施无机磷肥和钾肥。

在不同的生长阶段，合理施肥 基肥一般用量占总施入肥量的 50％～60％。磷肥全部做底肥，生长期内发现缺磷可适当追施或叶面喷施，氮钾肥 40％～60％做基肥。微量元素肥料、微生物肥料等也可以基施。追肥以速效性氮肥和钾肥为主，掌握好在各个营养临界期前分次施入。

（3）轮作、间作

轮作不同种类植物　不同种类的植物对土传病害的感染和抑制能力是不同的。通过种植不同作物，不仅可以降低同类植物间的自毒作用；还可以产生拮抗物质，减少病原菌的食物源，减轻病害的发生。实践发现，夏季高温前，在设施蔬菜田间套种玉米、高粱等青棵植物，利用其在高温下可以速生习性，降解吸收蔬菜的自毒物质。等到籽粒未成熟之前，用粉碎机粉碎青秸秆，翻入土壤中进行高温焖棚，利用青秸秆在土壤中快速发酵，提高土温，杀死病原菌和线虫；同时秸秆发酵过程中，可以快速提高拮抗细菌的数量，疏松土壤，增加有机质含量等，一举多得。茄果类、瓜类、豆类等可在冬季低温时期种植一茬浅根性的白菜、绿叶菜类、葱蒜类，可缓解土壤肥力的压力，也能有效减轻病害，另外与葱蒜类轮作或间作能预防根部病害和根结线虫的危害。

间作不同种类植物　同一块土地上种植不同的蔬菜，根际微生物就有很大差别，比如在番茄栽培行中种植洋葱或大葱等，可改变根际周围微生物环境进而减少连作重茬带来的危害；夏季利用大棚骨架种植丝瓜、冬瓜，可降温、吸盐，防止盐分积累，又增加经济效益。

（4）**利用嫁接技术**　嫁接是防治连作障碍常用的有效措施之一，可帮助一些作物克服病原菌的侵染和自毒作用，提高作物的抗逆性。一般选用根部健壮，高抗根结线虫的品种作为嫁接砧木，如选用黑籽和白籽南瓜嫁接黄瓜、甜瓜、西瓜，不仅可防止连作带来的病害，还可克服自毒物质的影响；用托鲁巴姆作砧木嫁接茄子可有效防止茄子根腐病、黄萎病的发生；国内外针对番茄和甜椒等蔬菜品种也采用了嫁接技术，效果不错。

（5）**生物防控措施**　多年重茬后，土壤内微生物失衡，有益菌显著降低，而病原菌不断增加，是导致连坐障碍的重要原因。只有土壤微生物系统内有益和有害微生物动态平衡，作物才能健康生长。针对以上问题，可在土壤中引入有益微生物，平衡土壤内微生物，是连坐障碍防治的重要手段。截至目前，在农业部登记的微生物农药（包括复配剂）已有12类，363个品种，不同类别、不同菌株的防控效果和作用方式各不相同，可根据需要进行选用。比如解淀粉芽孢杆菌能通过快速在植物根围定殖，形成保护层，阻断病原菌和线虫对植株的侵染，在其生长过程中，能分泌抗生素和生长素，提高植株的免疫力，促进作物快速生长，增加产量，提高品质。

（6）无土栽培　无土栽培是解决设施内连作障碍最彻底的办法，它完全采用人工基质或营养液进行作物栽培，所以不会发生土壤盐渍化和自毒作用，土传病害少。利用无土栽培原理也可进行土壤栽培，发达国家采取的营养液土耕栽培技术，是采用水肥一体化的施肥灌溉系统，根据作物不同生育期对养分和水分的需用量，给作物适时适量的水肥供应。具体做法是根据栽培作物不同生育期所需养分和水分，扣除土壤本身的含肥量和含水量，配制适当的营养液，同时，参考每日太阳辐射情况，精确管理营养液供给，即作物需要多少，就给予多少。此技术避免了大水大肥和过量施肥，不存在污染地下水和产生土壤盐类积聚的情况，是一项可有效防止土壤盐渍化的水肥管理技术。

82. 夏季"连阴天"后如何防治蔬菜生理性障碍？

夏季连续阴雨天气多发，棚室内蔬菜经常发生黄叶、萎蔫、烂头等生理性障碍，严重的出现大面积死棵，造成减产甚至绝产，应采取措施防止连阴天蔬菜的生理性障碍。

（1）均衡植株营养积累与消耗　夏季连续阴雨，棚内光照强度弱，阴雨天的光照强度只有晴天的1/10，一般在3 000～5 000勒克斯，在这样的光照强度下，植株的光合作用非常弱，甚至不足以维持呼吸消耗，营养积累少。如何减少营养消耗，尽量增加营养积累，就成为连阴天棚室蔬菜管理的关键，若不能解决这个问题，就会出现营养供给不足、植株长势衰弱、叶片黄化等生理性障碍。

在阴雨天气到来前，使用甲壳素或根佳等养根肥料灌根，提高根系活性，增加养分吸收，提高植株抗性；还可以喷施氨基酸金版或光合动力等叶面肥，直接通过叶片补充营养，延缓叶片衰老黄化。另外，在管理棚室时，应关注天气预报，要在大雨来临前再去关闭风口即可，切莫过早操作，前部通风口在保证不进水的情况下可以一直开着，而大雨结束后要马上拉开所有通风口，以降低棚内温度，使棚温与外界温度一致，防止棚内高温，减少营养消耗。另外，可适当疏果或减少蘸花留果，减少营养消耗，利于营养分配均衡。

(2) 均衡水分吸收与散失 连阴天后天气放晴，植株常发生萎蔫，直接原因就是高温强光下，水分的蒸发散失大于吸收，导致植株缺水，植株叶片萎蔫卷曲，呈现叶片失绿干枯状态，严重时造成大面积蔬菜干枯而死，菜农们俗称"闪秧"。或者棚内番茄突然出现烂头症状，且整棚发生。这是因为晴天后棚内空气湿度小，而且温度高达 35℃ 以上，使细嫩的生长点经不住高温，水分短时蒸发，引起烂头。

针对上述问题关键在于减少水分散失。阴雨天光照弱，水分蒸发量少，土壤含水量大，根系活力不足，吸水量也随之减少。天气突然放晴，叶面水分蒸发量猛然加剧，而根系的吸水量未能快速调整过来，不能马上满足植株猛增的需水量，从而造成失水萎蔫。出现问题的原因就在于光照强度突然变大，在高温的配合下，导致蒸腾作用随之加剧。应从两方面解决该问题：①降低光照强度。连续阴雨天后放晴，建议铺设遮阳网或在棚膜上泼洒泥浆等，降低光照强度，使植株有一个缓慢适应强光高热的过程，蒸发量逐渐上升，使根系也逐渐恢复吸水能力。②棚内喷洒清水，增加空气湿度，从而降低叶片的水分蒸发量。喷洒清水时，建议向喷雾器中加入 3～5 片阿司匹林，具有促进气孔关闭的作用，也能达到减少叶片水分蒸腾散失的目的。对于萎蔫叶片，建议及时喷施氨基酸金版或光合动力叶面肥，促进叶片尽快恢复活力。

83. 设施内常见的灌溉方法有哪些？

棚室内多采用明沟灌溉，容易造成叶片下部沾水、空气湿度增大，造成植株病害；同时灌水集中，灌水量过大，容易造成土壤板结；灌水量不均匀，影响产量和产品品质。设施内采用微灌的方式进行灌溉比较科学。

微灌又分为喷灌、滴灌和渗灌等。设施内应根据作物品种、栽培方式、设施类型、经济能力等选择灌溉方式。微灌系统的组成部分主要有水源、首部枢纽、输配水管道和灌水器及附属设施（图 37）。不同微灌方式的主要组成部分基本相同，最根本的区别在于灌水器的差异。微灌采用毛管接滴头或微孔毛管的方法，渗灌采用渗灌管，微喷灌则使用微喷头。

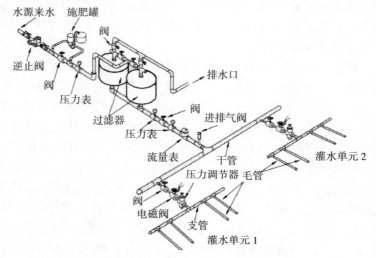

图 37　微灌系统的组成（引自周长吉，2003）

（1）滴灌 滴灌是将水加压过滤，必要时连同可溶性化肥一起，通过供水系统输送至滴头，以水滴或渗流等形式，将水适时适量地供至土壤中的灌溉方式。滴灌可缓慢地、经常不断地浸润根系，仅部分湿润土壤，作物行间可保持干燥，使土壤保持在最佳含水率状态，可防止土壤板结，降低空气湿度，避免作物沾水，降低作物发病率。

滴灌具有省水、省肥、省工、节能、作物高产出、产品品质优、适应性强等优点，但是滴头容易发生堵塞，特别是水肥混合之后滴头处容易积盐堵塞，造成灌水不均；也存在湿润土体附近易产生盐分的积累，且浸润范围小，影响作物根系发育的不利影响。

滴头是滴管系统的关键，其施水性能的优劣决定着灌溉系统的质量。根据施水特点，滴头可分为线源滴头和点源滴头。滴头选择应与种植作物相匹配，条播带植作物（如蔬菜、瓜果等）应选择线源滴头，也就是灌溉带；果树、茶树等选择点源滴头。选择滴头还应考虑土壤质地的影响，松散土壤应选择大流量滴头，水分扩散速度快，使用中注意控制其滴水时间；密实土壤应选择流量小的滴头，以增加其水分扩散范围。

滴管带铺设时应与作物顺行铺设，可采用大行距、小株距、宽窄行栽培，滴管带铺设于窄行中，一条滴管带为两行作物灌水，可减少滴管带用量，降低投资。为方便管理，滴管带多铺设于地表，覆盖地膜时，应设于膜下，可进一步降低蒸发。

（2）渗灌 渗灌是通过供水系统，利用埋设于作物根系层的渗灌管，向作物根部适量适时灌水的灌溉方式。渗灌的水分进入土壤后仅沾湿作物根系层，地面没有水分，蒸发量更小，土壤不易板结，容易保持疏松透气，最符合作物需求，比一般滴灌更为节水。但是其出水点分散、无规律，易堵塞和损坏，且不容易发现，清理起来也很困难。

灌溉管一般有两种埋设方式，一种在作物根系附近开沟，将渗灌管埋入沟内,适用于干旱、半干旱地区,另一种在地表处铺设渗灌管,然后起垄,适用于多雨地区。

(3)微喷灌　微喷灌是利用低压管道系统,在一定压力下将小水量喷洒到田间的一种灌溉方式,是一种比较先进的灌水技术。其优点是省水、灌溉均匀、土壤不易板结,土壤湿润,还可以起到降温作用,而且微喷头处水流速度比滴灌和渗灌大,可大大减少堵塞。但是设施密闭时易造成设施内高湿。

第三部分 | 蔬菜工厂化育苗篇

SHUCAI GONGCHANGHUA

YUMIAO PIAN

84. 蔬菜集约化育苗有哪些优点?

（1）集约化育苗有助于提高育苗质量，降低育苗成本，抵御气候灾害　集约化育苗改变秧苗质量参差不齐的弊病，提高壮苗率。蔬菜种子价格很高，如采用分散育苗、自育自用的传统方式，往往由于环境条件差或关键技术掌握不好，成苗率或种苗质量很难保证，单株种苗成本更高，采用集约化育苗由于采用精良播种和环境调控技术，成苗率高，可以降低育苗成本。集约化育苗大多采用环境调控能力强的设施，具有较强的抗灾害能力，可以避免灾害性天气情况下分散育苗造成的育苗失败。

（2）集约化育苗有助于提高蔬菜质量，实现蔬菜的安全优质生产　俗话说"苗好半成收"，壮苗定植后基本没有缓苗期，生长健壮，抗病能力强，从而减少农药的使用，提高蔬菜的质量。

85. 蔬菜集约化育苗对于蔬菜产业提升增效有哪些重要作用?

随着蔬菜产业生产的规模化、标准化、产业化程度不断提高，以合作社和农业龙头企业为经营主体的蔬菜规模化种植不断涌现，集约化育苗进入了一个快速发展的阶段。集约化育苗的优势体现在以下几个方面：

（1）集约化育苗有利于蔬菜生产向专业化、规模化方向发展借助于集约化育苗，实行统一集中供苗，能更好地优化品种布局，开展农技服务。统一的品种供应避免了基地各自为占，随意种植的弊病。可以按照市场需求，迅速选择并推广优良品种，使优良品种种植形成区域优势，从而推动蔬菜生产的专业化、规模化，进而形成蔬菜专业村。

（2）集约化育苗有助于实现蔬菜的标准化生产、品牌化销售
合作社开展集约化育苗，有助于统一品种、统一育苗、统一技术规程等工作的开展，从而为实现标准化生产奠定坚实基础。由合作社或者农业龙头企业对产品的统一销售为品牌的创建打下了坚实的基础，实现蔬菜真正的产业化经营。

（3）集约化育苗是新品种、新技术推广的有效载体　通过集约化育苗，可以把新品种、育苗新技术进行"物化"，由过去的供种变成供苗，提供配套的技术服务，提高农户的种植水平和植效益。合作社统一供苗后跟进的售后服务环节，可以使种植者了解品种特性、科学栽培管理，对病虫害进行统防统治，实现蔬菜生产的无公害化。

86. 如何高起点规划一个育苗基地？

一个功能完备的蔬菜工厂化育苗厂应包括播种车间、催芽室、育苗温室、嫁接车间和包装车间等。播种车间需要完成基质装盘、播种、覆土和浇水等环节；催芽室进行催芽；育苗温室完成幼苗的管理、嫁接苗的愈合和秧苗的驯化；嫁接车间完成幼苗嫁接工作；包装车间完成秧苗销售前的包装。育苗企业要根据育苗厂的定位、育苗的种类、管理模式和销售渠道来对育苗厂进行科学的规划，合理选择并确定不同设施之间的比例。

（1）育苗场地基础条件要求　要考虑灌溉水质、有无充足的劳力及交通条件。优良的水质是培育壮苗的基础，要求灌溉水 pH 在 6.8～7.0，EC 不超过 1.0 毫西门子/厘米；集约化育苗属于劳动密集型产业，尤其是嫁接育苗需要的劳动力更多，因此育苗基地周边要人工充足；商品苗培育达到要求后要及时运出，因此基地要运输方便。

（2）考虑地理位置 育苗场要与蔬菜种植区有合理的间隔，若远离蔬菜种植区，会增加商品苗销售运输、售后服务、供求双方信息交流等的交流成本；若紧邻蔬菜种植区，会增加病虫害危害的概率。种苗场距离大型种植基地10千米左右，200千米（约3～5小时车程）半径内销售量占年出苗量的90％以上为宜。

（3）考虑可扩展性和适宜度 育苗场的初始设计要考虑将来的规模扩张，留下将来育苗场扩大的空间。

一是规模适度，循序渐进。根据生产需求和销售情况，育苗规模应由小到大，设备配置逐步完善。避免在育苗初始技术水平不高、市场信息不全的情况下，贪大求洋，一次性投资过大，生产过程中设备未能高效利用，造成设备闲置和资金积压。

二是节能高效。应根据育苗的时间和育苗种类，不同类型的育苗设施相配套。冬季和早春育苗以日光温室为主，春节、夏季和秋季采用塑料大棚和连栋塑料大棚。

（4）考虑总体布局 科学的育苗场布局，可以缩短员工往返各工作区和物料搬运的距离，便于客户业务接洽，提供良好的育苗场外在形象。

87. 育苗基地如何选择育苗设施？

育苗设施设备的先进性是幼苗生产的保障。我国主要的育苗设施有日光温室、连栋温室和塑料大棚。其中冬季育苗主要是日光温室，早春和夏秋季育苗主要利用连栋温室和塑料大棚。设施要完善冬季加温和夏季降温设施。生产上应用的加温方式主要有热风炉加温（图38）和电暖加温（图39），保温方式有多层覆盖，育苗床上架设小拱棚（图40）；降温方式主要有通风、遮阳和湿帘风机（图41）等。

图 38　温室热风炉加温

图 39　自控电热温床

图 40　苗床上架设小拱棚

图 41　温室的湿帘

88. 育苗基地应该具备哪些主要的设备？

除了幼苗培育设施之外，一个现代化的育苗基地还要有催芽室、操作室、仓库、养护室等设施，配备苗床、浇水车、播种机、基质混拌机、运输车等设备。实现育苗主要环节作业自动化（机械化）或者半自动化是降低劳动力成本投入、提高生产效率的主要途径。首先要在播种和水肥管理环节实现作业的自动化或者半自动化。

（1）播种设备　目前市场上的育苗播种设备很多，有全自动的和半自动的，所具备的功能不同，播种生产率从 200 盘/小时到 1 000 盘/小时不等，价格有 2 万左右一台的，也有 20 万元左右的。育苗企业应该根据育苗的规模和企业的实力合理选择播种设备。如规模较小的育苗企业（年幼苗培育量 500 万株左右）可以考虑选择半自动的播种设备（图 42），基质的装盘和浇水作业需要人工完成，播种环节实现了机械化，每小时可以播种 200～300 盘，整套工序需要 3 个人完成。如规模较大的育苗企业（年幼苗培育量 2 000 万株以上）应该选择全自动播种生产线（图 43），从基质的填充、压穴、播种、覆盖、浇水等环节均可完成，每小时播种 1 000 盘左右。

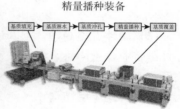

精量播种装备

基质填充 → 基质淋水 → 基质冲孔 → 精量播种 → 基质覆盖

图 42 半自动播种设备　　　　图 43 全自动播种生产线

（2）水肥一体化设备　利用智能化、自动化的补肥补水设备（图 44），可以根据不同幼苗不同阶段的生长需求，通过施肥机自动适时、适量的将养分和水分供应给幼苗，同时结合幼苗和基质湿度可以实现幼苗培育的无人管理（图 45）。

图 44 自动施肥机　　　　　图 45 水肥自动喷灌机

89. 目前育苗企业主要存在哪些问题？

（1）**自动化程度低，劳动力成本不断攀升，利润逐年下降**
由于种苗企业规模普遍偏小，限制了自动化播种设备、水肥一体化设备的应用，育苗作业的大部分环节主要靠人工完成。在以前劳动力成本低廉时，育苗企业感觉不到这方面的压力，但随着用工成本的越来越高，用工成了种苗企业最大的投入。甚至有些时候，如播种、分苗、嫁接等亟需劳动力时，有的地方常常无人可用。

（2）**硬件设施简陋，配套设备欠缺，防灾应灾能力差** 大部分种苗企业设施简陋，育苗温室、大棚大多是应用生产型温室和大棚，有的是生产型温室和大棚作为临时育苗的场地。育苗温室大多是下沉式土墙结构，虽然冬季保温效果好，但冬季和早春湿度大，给病虫害的防控带来很大压力。设施缺乏加温和降温设备，造成育苗的稳定性差。另外大多种苗企业缺乏科学的规划，没有按照工厂化育苗的流程进行系统的设计，没有实现分区管理。

（3）**经验式育苗为主，缺乏技术标准，种苗质量无法保证**
大部分育苗企业缺乏蔬菜育苗的专业化人才，技术管理人员大部分是具有一定种植经验的"土专家"，常常是凭经验式育苗，管理粗放，再加上环境差，造成种苗质量差，效益低。育苗缺乏规程和标准，主要表现在：①育苗基质选择上随意性强，没有一个固定的配方，更没有在使用前进行基质的检测等。②温度管理虽有指标但调控能力弱，肥水管理经验式。③成苗没有标准，嫁接没有技术规程，秧苗运输没有规程。④育苗的各个环节缺乏档案记载。

案例：具有自主核心产权、标准化管理的育苗企业
从国内外来看，实力强的蔬菜种苗企业往往是"产、学、研"相结合的典范,有自主研发能力,拥有核心技术。如山东安信种苗公司,与多家科研院所合作,设立有安信园艺学院,有自己研发的品种和水溶性肥料;山东伟丽种苗公司成立了伟丽种苗科学研究院,有自主研发的品种,自主创新了砧木子叶减半嫁接和甜瓜双断根嫁接技术,制定了8项省级嫁接育苗技术规程,并成为行业标准。而大部分的种苗企业,品种、技术人员和农资等都需要引进,相当于一个来料加工厂,没有一点自己的核心技术,缺乏竞争力,发展缺乏科技支撑。

大部分蔬菜种苗企业将物联网技术应用到蔬菜种苗的培育、管理和销售环节,没有完善的投入品记载档案,种苗销售之前没有经过质量检测和病虫害的检测。有的由于品种、砧木选择不当造成售后纠纷不断,有的导致病虫害随着蔬菜秧苗的销售肆虐传播。山东安信种苗,在蔬菜工厂化育苗过程中,采用工厂化流水线作业,通过对育苗前期准备、催芽与播种、播种后管理、出苗后管理及秧苗定植前管理等5个过程共25个关键点的精准控制,以减少人为或天气因素对种苗培育质量的影响,实现激发种子潜能、促进种苗生长、提高秧苗素质、增加定植后产量的目的。同时,育苗过程的程序化、规范化、数量化管理,显著提高了工作效率,降低了育苗成本,保证了秧苗质量。

90. 种苗企业如何做好内部管理?

(1) 做好统一销售管理　订单管理,对订单分类汇总,制定出表格,分成供苗时间表、供苗品种表、供苗地点表,科学组织生产和后期发苗;统一包装销售,装箱运输到指定地点供农户定植。

(2) 实行品牌战略　通过制定设施种苗质量标准,建立标准化的生产技术规范,保证生产出的种苗质量得到广大农民认可。

出圃种苗实行统一规格、统一数量、统一包装、统一标识、统一标签"五统一"，杜绝不符合质量的种苗出圃。

91. 种苗企业如何提高设施的综合利用效率？

工厂化育苗设施的周年利用率是提高育苗基地效益的主要途径之一。目前集约化育苗企业每年大多培育 2～3 茬苗，设施利用时间在 6 个月左右，其他时间相对比较清淡。应加强对工厂化育苗设施周年利用模式的探讨，采取的方式：一是异地供苗，拉长育苗时间；二是扩大育苗范围，如进行林木、花卉育苗，大田作物育苗、马铃薯繁殖等；三是进行芽菜苗或者快生蔬菜的生产；四是进行菌类和调料作物如香葱等的生产。

92. 育苗企业如何提升自身的技术素养？

围绕幼苗培育过程中的关键技术环节制定技术标准。如砧木品种的选择，育苗基质的标准，购买或者自行配制理化特性良好的基质，嫁接方法的改进，合理利用生态调控技术、化学调控技术等。在核心技术的逐步应用过程中，结合育苗企业自身的实际情况制定符合自己的技术规程。另外技术人员要从种子入手，采用的种子必须要有检疫证书、并封样送种子管理站备案。制定健康种苗的详细生产细节，形成标准生产体系，减少因为技术问题而出现的供苗困难。

93. 育苗企业如何提高售后技术服务能力？

集约化育苗采用的是温棚条件下的基质育苗，其定植后田间管理技术要领与传统育苗有一些区别。特别是对于一些新的品种，其田间管理技术与传统品种差别更大。如果种植户对种苗生长特性或者品种特性不了解，就会影响栽培效果，直接对产品的上市期和产量造成较大影响，降低种植者的经济效益。所以育苗场要本着对农民利益高度负责的精神，加强种苗的售后技术服务，这是工厂化育苗产业健康发展的一个重要环节。如果没有良好的售后服务，没有和菜农建立密切的联系，任何一个育苗企业都很难发展下去。具体做法如下：

（1）育苗前，育苗企业要准确把握商品苗销售地的土壤、水质、病虫害情况，为品种选择、成苗标准提供依据，做到防患于未然。

（2）提供商品苗时，育苗企业发放种苗栽培告知书，提高农户对幼苗的认识；幼苗定植时进行技术指导，减少农户因为定植技术不当造成的死苗风险。

（3）幼苗大田生长过程中的巡回技术指导，如施肥、整枝、采收技术等，组织农技人员巡回指导，把种苗移栽后的调控技术送到田间地头，在输出技术与农资同时，还要做到与农户拉近关系，缩短距离，为解决纠纷提供基础。只有将良好的心态与技术实力相结合，才能使企业获得效益与信誉的双赢。

94. 目前育苗基质主要有哪些？

基质质量的优劣是蔬菜集约化育苗的关键因素之一。目前使用的基质从种类上有两大类，一种是以草炭为主的复合基质，一种是腐熟农业秸秆（花生壳、菇渣、玉米秸秆等）为主的复合基质。从来源渠道上有购买的商品基质，有育苗基地自主配制的基质。

95. 草炭有哪些类型，使用时应如何选择？

草炭公认是园艺作物栽培的基质组分。尤其是穴盘育苗，大多数是以草炭为主，并配以蛭石、珍珠岩等基质。草炭的容重 $0.2\sim0.6$ 克/厘米³，总孔隙度 77%～84%，通气孔隙 5%～30%，持水量 50%～55%，pH3.0～6.5，EC1.10 毫西门子/厘米，干基有机质含量 40.2%～68.5%，干基灰分含量 2%～18%。

草炭种类很多，按造炭植物占比分为草本草炭、木本草炭和苔藓草炭，按沉积时间和灰分含量分为高位草炭、中位草炭和低位草炭。高位草炭分布在高寒地区，以水藓植物为主，分解程度低，氮和灰分含量较少，酸性（pH 4～5），容重较小，持水力、盐基交换量、吸水、通气性较好，可吸持水分达其干质量的 10 倍以上；低位草炭分布在低洼积水的沼泽地带，以苔草、芦苇等植物为主，其分解程度高，氮和灰分元素含量较高，风干粉碎可直接作肥料使用，但容重较大，吸水、通气性较差，不宜单独作育苗基质；中位草炭介于高位草炭和低位草炭之间。我国草炭大多是低位类型的草本草炭，高位草炭和中位草炭分布较少。

96. 有机废弃物作为育苗基质原料时应该注意什么问题？

农作物秸秆、园林废弃物、人畜排泄物、树皮等也可作育苗基质组分，但是未腐熟有机废弃物碳氮比值高，直接用作育苗基质会因微生物快速繁殖，导致有效氮大量被暂时固定，影响幼苗的氮素供应，也可能产热烧苗。只有当有机废弃物的有机质大部分分解，降解除去酚类等有害物质，高温杀灭病原菌、害虫卵和杂草种籽，才能用作基质组分。有机废弃物的基质化又不完全等同于堆肥腐熟，基质化产品需要尽量减少植物性废弃物原料的过度分解和原料体积的降低，否则生产成本过高，而且可能导致基质产品 pH 过低、EC 过大等。特别是扦插育苗对基质的理化性状要求更为严格，在扦插生根的过程中若基质中含有过多的养分和盐分将抑制幼苗的生根。

97. 育苗基质配制时对原料的粒径有哪些要求？

基质粒径对基质孔隙分布和后期管理作用较大。对于同一种基质，粒径越大，容重越小，总孔隙度越大，气水比较大，通气性较好，但持水性较差；反之，粒径越小，容重越大，总孔隙度越小，气水比越小，持水性较好，通气性较差。基质各组分尽可能过筛使混配基质整体处于 1～10 毫米粒径范围内。国产个别品牌的草炭产品，采后加工相对较差，结块现象比较严重，导致混拌不均匀和后期的漏水漏肥，需要粉碎工序。蛭石、珍珠岩粒径 0.3～0.4 厘米较好。蛭石和珍珠岩运输和贮放期间，有可能粒径变小甚至粉末化，最好过筛去除粉末部分。粒径过小，降低基质有效水含量，即水分被基质吸附，根系难以吸收利用。

98. 育苗基质对理化特性有哪些要求？

物理指标包括粒径、粗度指数、容重、孔隙度、持水力、收缩率、可湿性、阳离子交换量等。基质中水分和空气是在孔隙间反向移动的，水分因重力渗出或向空气中蒸发，空气进入，所以水分过多，易造成缺氧，水分过少，会造成幼苗干旱胁迫。幼苗对矿质养分吸收是依存于水分的，缺水幼苗也无法获得足够的矿质养分。基质孔隙度分通气孔隙（大孔）和持水孔隙（小孔），两者的比例（简称气水比）决定持水力大小。粒径大小、容重等都会影响基质的孔隙大小和分布。阳离子交换量（CEC）表示基质对养分的保持能力。

适宜的基质理化指标为：容重 0.2～0.4 克/厘米³，总孔隙度 70.0%～90.0%，通气孔隙度 20.0%～30.0%，持水空隙度 50.0%～60.0%，pH 5.8～6.8，EC＜2.50 毫西门子/厘米（1：5浸提法），有机质含量＞80.0。

99. 有机废弃物生产育苗基质时应该如何进行腐熟发酵？

花生壳、玉米秸秆经粉碎后，添加筛选的发酵微生物，依据最佳发酵配方进行调配，按照最佳发酵条件进行检测与调控。最优的发酵及基质配方为：腐熟时 1 米³ 花生壳添加鸡粪 40 千克，过磷酸钙 5 千克，硫酸钾 3 千克，EM 0.20 千克，调节相对湿度为 60%，在高温季节经过 50 天左右的发酵过程即可（图46）。

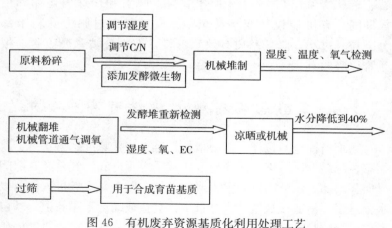

图46　有机废弃资源基质化利用处理工艺

100. 如何利用有机废弃物生产育苗基质？

利用腐熟发酵好的花生壳、玉米秸秆和锯末为主料，通过添加肥料、保水剂、消毒等生产工艺流程配制成商品复合基质（图 47）。

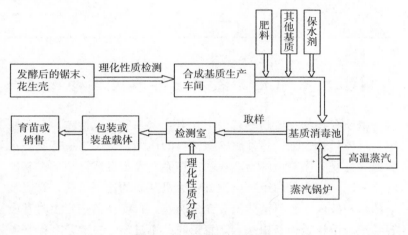

图 47 基质生产工艺

适宜的基质配方及体积配比：
配方 1：花生壳：草炭：蛭石＝5：3：2；
配方 2：锯末：蛭石：煤灰＝6：2：2；
配方 3：锯末：草炭：菇渣＝6：1：3。

101. 常用的育苗基质配方有哪些？

以草炭、蛭石和珍珠岩等轻基质为基本原料，按不同组配与比例组配成不同复合基质，具体配方见表 3。

表3　草炭系复合基质的组配体积比（％）

复合基质配方编号	草炭	蛭石	珍珠岩
1	50	30	20
2	50	50	—
3	60	40	—
4	60	—	40
5	70	30	—
6	70	—	30

102. 目前商品基质主要存在哪些问题？

基质存在的主要问题有以下几点：①基质透气性差，主要原因是基质颗粒太细，另外腐熟有机物的比例较大，造成基质浇水后通气性受到影响，容易造成幼苗根系发育不良或沤根。②基质容易散坨，主要是由于基质配方中无机基质的比例过高，有机基质的颗粒较大，有机基质没有充分腐熟，致使幼苗在定植时基质容易造成散坨，损伤根系。③育苗时杂草过多，主要是有机基质中带有草籽。④幼苗叶片黄化，这种情况多出现在以腐熟有机物为主的育苗基质中，原因是有机物没有经过充分腐熟，在使用中进一步腐熟不仅造成了养分的缺乏，而且腐熟过程中产生的有害物质抑制了根系的生长。

103. 基质使用中应注意哪些问题？

首先要了解基质的成分，了解基质的基础养分情况。另外每一批基质理化特性都多少有些变化，因此一批基质购进之后，要检测基质的基本理化特性，特别要了解基质的电导率、持水特性、通气特性，为幼苗的水分和养分管理提供依据；如果是自配基质，要注意不同物料的比例，反复试验，以草炭为主的，要选择质地良好的低位草炭，与无机物料混配时比例不能低于40%；以腐熟有机物料为主的，一是要保证腐熟度要适宜；二是要注意颗粒的大小，一般过孔径5毫米的筛子即可。

104. 旧穴盘重复利用时应注意哪些问题？

有些蔬菜育苗基地为节约成本，使用了可回收利用的穴盘，这种穴盘价格在1.6元左右，一般能循环使用2～3年。旧穴盘使用时有几个不利因素：①传播根部病虫害，如果有的菜农大棚中根结线虫严重，当菜农将购买的穴盘苗带进大棚时，含有根结线虫卵的土壤就会粘到穴盘上，导致穴盘带菌，育苗厂再使用这些带根结线虫卵的穴盘育苗，就会将虫卵传染到其他菜农的大棚中。②穴盘使用几次后，特别是机械播种的穴盘，其底部的穴孔会变大，其原因，一是基质容易渗漏下去，其次基质的保水性受到影响，另外幼苗根系容易伸出到穴孔外，定植时根系损伤严重。

穴盘重复使用前一定要消毒，避免前茬育苗的病菌带入到下一茬，消毒方法一般采用40%甲醛100倍液浸泡苗盘15～20分钟，覆膜密闭7天后揭开，用清水冲洗干净即可使用。不能用高锰酸钾和漂白粉进行消毒；有些穴盘苗本身带有根部病虫害，如根结线虫，如果这类苗子栽入地中，会引入线虫，因此在商品苗运输、购买中一定要注意苗子本身的带菌问题。

105. 集约化育苗苗期如何科学浇水？

水分管理是一项很重要的工作，应该让有经验的管理者来进行此项工作，但很多育苗厂认为浇水很简单，在管理上存在很多误区。穴盘苗发育阶段可分为四个时期：第一期为种子萌芽期，第二期为子叶及茎伸长期（展根期），第三期为真叶生长期，第四期为炼苗期。每个发育生长时期对水量的需求不一。第一期对水分及氧气需求较高，相对湿度维持95%～100%，供水以喷雾粒径15～80微米为佳；第二期水分供给稍减，相对湿度应降到80%，使介质通气量增加，以利根部在通气较佳的介质中生长；第三期供水应随苗株成长而增加；第四期则限制给水以健壮植株。科学浇水应注意以下几个方面。

一是喷头要选好。工厂化育苗浇水是个重要的管理环节，质量不好的喷头容易堵塞，浇水不均匀，造成穴盘有的地方干，有的地方湿度又太大。此外还须合理布置间距，经常检查、清洗过滤网，防止堵塞。

二是浇水时间要选好，防止夜晚叶片表面有水珠。夏季高温育苗，夜晚叶片要保持干燥，如果叶片有水，夜晚高温，容易诱发病害，苗子容易徒长。下午5：00之后尽量不要浇水，且开风机时尽量不要再开湿帘，特别是夜晚，防止夜间湿度过大。高温季节避免中午时浇灌进水，防止幼苗受冷水刺激，影响生长。

三是浇水量要控制好。夏季为防止缺水，往往浇水量过多。浇水量过多，基质表明容易出现绿藻，根茎部容易诱发病害；地上部茎叶茂盛，而根系相对稍差，这种苗子在穴盘中看着较好，但定植到田间后则缓苗慢，生长势弱；另外苗子也不容易从穴盘内拔出。正确的浇水应该见干见湿，干长根，湿长叶。

106. 穴盘育苗供水如何提高水分管理的均匀度？

穴盘育苗供水最重要的是均匀度。一般规模较小的育苗场以传统人工浇灌方式，而专业化的育苗公司多采用自走式悬臂喷灌系统，可设定喷洒量与时间，洒水均匀，无死角、无重叠区，并可加装稀释定比器配合施肥作业，解决人工施肥的困难。在大规模育苗时，穴盘苗因穴格小，每株幼苗生长空间有限，穴盘中央的幼苗容易因互相遮光及湿度高造成徒长，而穴盘边缘的幼苗因通风较好容易失水，边际效应非常明显。因此在维持正常生长及防止幼苗徒长之间，水量的平衡需要精密控制。

在实际育苗供水上有几点应该注意：①阴雨天日照不足且湿度高时不宜浇水。②浇水以正午前为主，下午3：00后绝不可灌水，以免夜间潮湿造成徒长。③边际补充灌溉，苗床四周水分蒸发快，特别晴天高温期，要对周围10～15厘米范围内进行补充灌溉，防止生长不均匀。④穴盘位置调整，行走式微喷系统出水量不均匀造成生长差异，要及时调整穴盘位置。

107. 幼苗培育时如何进行温度的科学管理？

不同的蔬菜种类在幼苗培育时对温度要求有差异，对于果菜类幼苗，幼苗培育时需要有一定的昼夜温差，有利于花芽分化。具体温度管理标准见表4。

表4　蔬菜幼苗期温度管理标准（℃）

蔬菜种类	白天温度	夜间温度
黄瓜	25～28	15～16
西瓜	25～30	18～21
甜瓜	25～28	17～20
西葫芦	20～23	15～18
番茄	20～23	15～18

（续）

蔬菜种类	白天温度	夜间温度
茄子	25～28	18～21
辣椒	25～28	18～21
芹菜	18～24	15～18
甘蓝	18～22	12～16
生菜	15～22	12～16

108. 幼苗培育时如何进行科学的营养管理？

育苗基质要求疏松肥沃，保水透气性好，富含有机质。有些育苗基质中含有一定的营养成分，可满足苗期一定阶段的需求。如农大配制的富含控释肥的育苗基质，基质配方为草炭∶花生壳∶蛭石∶珍珠岩＝4∶2∶2∶2，每方基质中加入10千克育苗肥。另外加入部分有机肥效果更好，如原有基础上，每方基质加入10％左右的烘干粉碎牛粪。育苗肥中含有缓释氮（N）肥，水溶型和枸溶性磷（P）肥，缓释型钾（K）肥，还含有钙（Ca）、镁（Mg）、硅（Si）肥等元素和腐殖酸。前期不会造成烧苗，育苗期间只需要浇水，不需要再施用肥料，可满足培育35天左右的果菜幼苗。而有些育苗基质中养分含量很少，在幼苗培育中需要补充营养。

案例1：瓜类幼苗期的肥水管理要点

根据不同幼苗发育阶段，采取水溶肥料和灌溉施肥方法补充幼苗所需的水分和矿质养分，总的原则是：黄瓜苗期控温不控水，既要保证黄瓜充足的水分供应，又要防止浇水过多造成沤根，保持田间最大持水量的80％～90％即可。常用的水溶肥料有 20－20－20＋TE、20－10－20＋TE、12－2－14＋6Ca＋3Mg＋TE，各种配比的肥料交替使用。施肥频度因幼苗发育阶段和育苗环境条件而异，在出苗到 2 片真叶展平，幼苗生长发育慢，需肥量小，宜延长施肥间隔期，选择低磷肥料有利于防止幼苗徒长。苗期水肥管理指标如表 5。

表 5　苗期水肥管理指标

幼苗发育时期	基质湿度（%）	施肥浓度（毫克/升）	施肥频度（次/周）
出苗到子叶展平	50～60	50～75	1～2
子叶展平到 2 片真叶	50～60	75～100	1～2
2～4 片真叶	50～80	200～300	2～3

案例 2：茄果类幼苗期肥水管理要点

根据不同幼苗发育阶段，采取水溶肥料和灌溉施肥方法补充幼苗所需的水分和矿质养分。常用的水溶肥料有 20－20－20＋TE、20－10－20＋TE、12－2－14＋6Ca＋3Mg＋TE，各种配比的肥料交替使用。施肥频度因幼苗发育阶段和育苗环境条件而异，在出苗到 2 片真叶展平，幼苗生长发育慢，需肥量小，宜延长施肥间隔期，选择低磷肥料有利于防止幼苗徒长。苗期水肥管理指标如表 6。

表 6　苗期水肥管理指标

幼苗发育时期	基质湿度（%）	施肥浓度（毫克/升）	施肥频度（次/周）
出苗到子叶展平	50～60	50～75	1～2
子叶展平到 2 片真叶	50～60	75～100	1～2
2～5 片真叶	50～80	200～300	2～3
炼苗期	45～55	200～300	2～3

109. 什么是嫁接育苗？嫁接育苗有哪些优点？

嫁接就是把一种植物的枝或芽（接穗），嫁接到另一种植物的茎或根（砧木）上，使接在一起的两个部分长成一个完整的植株。植物受伤后，由于创伤刺激，伤口周围能够迅速形成愈伤组织，促进伤口愈合。

嫁接育苗可以提高抗土传性病害能力，提高吸收水肥能力及长势，提高抗逆性，提高产量和改善品质。

110. 嫁接育苗前需要做好哪些准备工作？

（1）棚室准备 嫁接应选择在气温适宜的晴天或阴天多云的无风天气进行，晴天应在遮光条件下工作，植株上露水未干不宜嫁接。嫁接时要在背阴下进行，即在棚顶部覆盖 2 层遮阳网。

（2）嫁接工具 如刀片、嫁接夹或嫁接专用套管、接穗盘、纱（棉）布、农用塑料膜、遮阳网等。嫁接前准备内径为 2.0、2.5、3.0 毫米的三种不同规格的嫁接专用套管备用。

（3）幼苗锻炼 嫁接操作前 2~3 天对接穗幼苗进行炼苗，让幼苗进行锻炼，使之有较强的抗失水能力。将砧木苗提前 2~3 天喷洒高效农药灭菌，并提前半天淋足水，拔除病苗、弱苗。同时提前对砧木和接穗幼苗进行消毒处理，可用霜霉威水剂 800 倍液＋百菌清粉剂 800 倍液＋芸薹素内酯 3 000 倍液喷雾防病。

111. 常用的嫁接方法有哪些？

蔬菜常用嫁接方法：西瓜、黄瓜等瓜类以前采用靠接法，现在普遍采用插接法，采用双断根嫁接的也越来越多；茄子采用劈接，番茄采用套管嫁接。

112. 冬春茬番茄嫁接育苗品种如何筛选？

（1）**砧木品种** 选择抗枯萎病、根结线虫复合抗性好、根系发达和生长势强的品种，如果砧 1 号、影武者、加油根 3 号、博士 K 等。

（2）**接穗品种** 选择商品性好，耐低温弱光，抗 TY 病毒的品种，如金鹏 1 号，蒙特卡罗等。

113. 冬春茬番茄嫁接砧木、接穗播种时间如何确定？

11 月中旬至 12 月上旬开始播种，每亩用砧木和接穗各 20 克。播种时砧木种子可直接点播到 72 孔或者 60 孔的育苗穴盘中，接穗种子则散播到准备好的苗床上，每平方米播种 5 克接穗种子。砧木要比接穗早播 5～7 天，可使砧木苗比接穗苗生长粗壮，便于嫁接。由于天气变化等原因，砧木、接穗生长速度差异大时，可采取调节水分、温度、施肥量等措施，促进其生长速度的一致。育苗期间可通过移动育苗穴盘和轻度控水来抑制幼苗徒长。

用作砧木的番茄品种，播种后 20～25 天，具有 5～6 片真叶时，从下部第二片真叶上方 2 厘米处横向切断，去除上部生长点，余下部分即为砧木。接穗品种具有 4～5 片真叶时，在下部第一片真叶以下 1 厘米处切断，取上部生长点作为接穗。

114. 冬春茬番茄嫁接如何操作？

番茄嫁接可采用套管嫁接法或者劈接法。

（1）套管嫁接法 在砧木 8～10 厘米处留 2 片真叶用嫁接剪剪出一个斜面，套上套管，套管要高于砧木；同时把接穗剪出相反方向的同角度斜面，将接穗切面对齐砧木切面插牢，要求一定要插到底不留缝隙，使砧木切口与接穗切口紧密结合。根据砧木和接穗的粗细选用不同规格的套管。嫁接后搭建小拱棚保温保湿，并视天气情况覆盖遮阳网避免阳光直射。

（2）劈接法 在砧木 4～6 片真叶、接穗 1～2 片真叶时，即可嫁接。嫁接时，将砧木在保留基部 2～3 片真叶处切断，并在横茎中央垂直纵切 2.0～2.5 厘米长的切口，然后将接穗保留顶部 2～3 片真叶，相反方向各斜削 1 刀，小心插入砧木切口。对齐后用嫁接夹固定严。固定器过紧、湿度过大等，都易增加病菌的感染机会。因此。嫁接用具必须严格消毒，刀具锋利，嫁切口一刀成型，并保持嫁接区清洁无菌。

115. 番茄或者茄子嫁接如何实现砧木和接穗的多次循环利用？

（1）砧木循环利用 可将第一次嫁接时剪去的砧木上部，去掉底部的 1～2 片真叶，插入消过毒的基质中，即可发根，等到长到一定大小时即可嫁接。

（2）接穗多次利用法 有三种方法：①用上述方法完成接穗主芽嫁接后，再向下切取 1～2 段带有 1 片真叶、长约 5 厘米的接穗嫩茎进行嫁接，接活后萌生腋芽成结果主干。②嫁接用过的接穗继续让其保持生长，待接穗腋芽生长至 2～3 片真叶后再切取嫁接。③在接穗生长至 3～4 片真叶时摘心，全部用腋芽嫁接。

116. 冬春茬番茄嫁接后如何管理以提高成活率？

番茄嫁接苗从嫁接到嫁接苗成活，一般需要 10 天左右的时间。

(1) 湿度管理　湿度是嫁接苗成活的关键因素。随嫁接随盖膜、遮阳网，保持一定的湿度和温度。高湿可以减小蒸腾作用，促进愈合，避免接穗萎缩，有利于提高成活率。嫁接后苗床要浇湿，增加湿度；嫁接后内层用塑料薄膜、外层用遮阳网盖上。嫁接后头 3 天小拱棚不通风，湿度必须在 95% 以上。嫁接 3 天以后把湿度降下来，湿度维持在 75%～80%。每天都要放风排湿，防止苗床内长时间湿度过高造成烂苗。苗床通风量要先小后大，通风量以通风后嫁接苗不萎蔫为宜，嫁接苗发生萎蔫时要及时关闭棚膜。

(2) 温度管理　为了促进伤口愈合，嫁接后应适当提高温度，白天保持在 20～26℃，夜晚 16～20℃，防止高温。

(3) 光照管理　嫁接后前 3 天要求白天用遮阳网覆盖小拱棚，避免阳光直射小拱棚内。嫁接后 4～6 天，见光和遮阳交替进行，中午光照强时遮阳，同时要逐渐加长见光时间，如果见光后叶片开始萎蔫就应及时遮阳。以后随嫁接苗的成活，中午要间断性见光，待植株见光后不再萎蔫时即可去掉遮阳网。

(4) 抹芽　成活后及时摘除砧木萌发的侧芽，注意不要损伤接口处。当嫁接苗伤口愈合牢固后要去掉嫁接夹或者套管。

117. 黄瓜插接法播种期如何确定？嫁接前需要做哪些准备工作？

黑籽南瓜或白籽南瓜要比黄瓜提前 5～7 天播种，南瓜直接播种到 50 孔穴盘中。黄瓜直接播种到平盘中，每盘播种 800～

900 粒。黑籽南瓜第一片真叶 1.3 厘米^2，白籽南瓜两片子叶完全展开，接穗子叶展开为嫁接适期。

嫁接前准备好工作台、细竹竿（插小拱棚用）、薄膜、遮阳网、托盘、喷壶、锋利刀片、插接针、清水、消毒药剂等。嫁接前一天，将砧木苗浇透水（渗水的办法），并用 75％百菌清可湿性粉剂 800 倍液对砧木和接穗均匀喷雾，一是起到预防病害的作用；二是将幼苗冲洗干净，以免影响嫁接成活率。

118. 黄瓜插接法嫁接如何操作？

选苗茎粗细适宜的插接，黄瓜苗茎粗不小于南瓜苗茎粗的 1/2，不大于南瓜苗茎粗的 3/4；用刀片或竹签剔除生长点，从南瓜苗子叶一侧的基部用插接针成 45°角插入 0.5～0.7 厘米，形成斜楔形孔，竹签尖端不要插破表皮，也不要插入髓部，针尖刚露出茎秆为止，注意不要插入茎空心处，插接针不拔出，将黄瓜苗在子叶下 0.8～1 厘米处，两面斜切，切口长 0.6 厘米。立即拔出竹签，将黄瓜苗插入孔内（黄瓜苗茎切面应全部插入至南瓜苗插孔底部），并使黄瓜苗同南瓜苗的子叶呈十字形（图 48）。

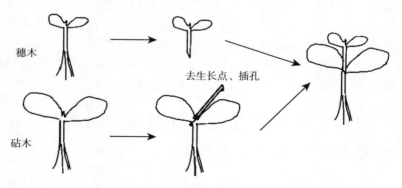

穗木

去生长点、插孔

砧木

图 48　黄瓜插接法示意图

119. 黄瓜嫁接后如何管理可提高嫁接成活率？

（1）温度管理　黄瓜嫁接苗愈合的适宜温度，白天为 25～30℃，夜间 20～22℃，温度低于 20℃或高于 30℃均不利于接口愈合。

（2）湿度管理　嫁接后前 3 天小拱棚内的相对湿度要达到 95％以上，但不宜过大，已看到嫁接苗出现生理性细胞充水症状时，一定要适量通风降低湿度。3 天后可揭开小拱棚顶部少量通风，5 天后即可逐渐撤去小拱棚增加通风时间和通风量，但仍要保持较高的空气湿度，通风过程中，发现接穗有萎蔫现象时，用清水喷雾，以缓解叶片失水萎蔫现象。黄瓜嫁接后 7 天左右生长点不萎蔫，心叶开始生长标志嫁接成活，即可转入正常管理。嫁接后 10 天后接口处完全愈合，靠接的幼苗此时可以断掉黄瓜根。在断根的前一天，用手指把黄瓜苗接口下胚轴捏一下，断根时先沿嫁接口下部用刀片切断黄瓜根，然后再从紧贴地面处剪断。结合口下面尽量少留瓜茎，防止其产生不定根，断根后可取下嫁接夹。

（3）光照管理　嫁接后需短时间遮光，防止引起接穗过度失水萎蔫。遮光的方法是在塑料小拱棚外面覆盖草帘或遮阳网，嫁接后 3～4 天内要全部遮光，以后半遮光，直至逐渐撤掉遮阳物及小拱棚塑料膜。

120. 什么是双断根嫁接？这种嫁接方法有什么优点？

断根嫁接是在插接基础上发展起来的一种嫁接方法，这种方法去掉了砧木原有的根系，在愈合的同时诱导新根系的产生。

这种嫁接法有以下几个优势：①发出的新根（须根）数量多，根系活力强，与直根系相比，根系面积大，对水分和养分的吸收能力强，定植后生长快。②嫁接速度快，可以将嫁接工序进行分解，特别适合育苗工厂进行操作。③采用双断根可以有效控制由于砧木的徒长所导致的嫁接苗徒长问题，生产出的嫁接苗生长整齐，商品性好。④采用双断根后再将嫁接苗回栽到穴盘时，可以调整子叶的方向，促进嫁接苗的成活。

121. 双断根嫁接如何操作？

当砧木长到 1 叶 1 心（一片真叶展开，第二真叶露心），接穗子叶展开时（最好是第一真叶露心时）即可嫁接（图 49、图 50）。

图 49　砧木培育　　　　　　　图 50　接穗培育

削接穗　在西瓜苗子叶基部 0.5 厘米处斜削一刀，切面长约 0.5～0.8 厘米（图 51）。

用刀片将砧木从茎基部切断，切口离生长点 5～6 厘米为宜。切下后的砧木要保湿，并尽快进行嫁接，防止萎蔫（图 52）。

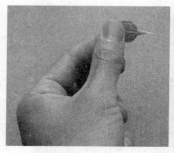

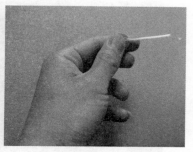

图 51　接穗削切　　　　　　　图 52　砧木削切

双断根贴接　双断根贴接是要将南瓜断根，用刀片将南瓜的一个子叶连同生长点斜切下去，留出 0.3～0.5 厘米的斜面。将接穗在子叶以下 1.0～1.5 厘米处斜切下去，留出 0.3～0.5 厘米的切面，将 2 个斜面相贴，用嫁接夹夹好（图 53、图 54）。

图 53　嫁接操作　　　　　　　图 54　嫁接后的苗子

回栽　嫁接后要立即将嫁接苗保湿，尽快回栽到准备好的穴盘中。插入基质的深度为 2 厘米左右，回栽后适当按压基质，使嫁接苗与基质接触紧密，防止倒伏，并有利于生根（图 55）。

图 55 嫁接后回栽

122. 甘蓝类蔬菜集约化育苗应掌握哪几个关键点?

（1）**播种时间的确定** 根据定植时间来确定播种期，夏季甘蓝的苗期一般为 28～32 天，需提前 30 天播种。

（2）**穴盘类型的选择** 根据苗龄时间长短和出圃标准不同可选择 128 孔和 228 孔的穴盘，从节约成本和种苗质量的角度出发，4 片叶的苗龄一般选用 228 孔穴盘，5～6 片叶的苗龄选用 128 孔穴盘。

（3）**基质** 甘蓝育苗基质要求有良好的物理性状，适合甘蓝种苗生长的 pH、无病虫害、草种和有毒物质。一般采用草炭、珍珠岩、蛭石混合而成，比例为 3∶1∶1。基质中加入适量的基肥，要求 pH 在 6.0～6.5，EC 0.5 毫西门子/厘米。

（4）**温度控制** 夏季温度高光照强，最好让甘蓝苗傍晚出催芽室，以便适应新的环境条件，进入温室后及时用水车喷水保湿。子叶露土前白天要不断喷雾，并用遮阳网遮阴，提高发芽率。3～5 天后，胚轴逐渐露土长出子叶，待苗出齐后，控制水量，若此时浇水太多，幼苗极易发生徒长，做到不干不浇水，及时对穴盘边缘及通风口处的苗进行补水。

123. 西芹集约化育苗技术要点有哪些？

（1）选择适宜穴盘　采用 128 孔或者 200 孔穴盘。

（2）确定好播种期　为秋冬保护地西芹生产供苗，河南中部地区的播种期为 6 月中旬。

（3）播前种子处理　种子进行水选法选种，温水浸种 12 小时，淘洗、晾散，保湿放在 10℃ 冰箱处理 10 天，低温处理期间，淘洗 1～2 次。低温处理结束，种子晾散后，上机播种。

（4）适当浅播　采用 128 孔穴盘，播种深度均为 2～3 毫米，播后全部用蛭石覆盖，覆盖后浇透水（穴盘底孔滴水）。

（5）温度管理　播后直接把穴盘移入育苗温室，在白天 20～25℃，夜间 18～22℃ 条件下培育。

（6）掌握好壮苗标准　西芹夏秋采用 128 孔穴盘育苗，西芹商品苗标准为：株高 12～15 厘米，茎粗 4～5 毫米，叶片数 5～6 片，苗龄 50～60 天。

124. 夏秋季育苗有哪些不利因素？

大棚秋延后、温室秋冬茬果菜类育苗多在夏秋季育苗。黄淮地区夏秋季节为炎热多雨与高温干燥天气频繁无规律多发时期，极不利于果菜类蔬菜如番茄、茄子、黄瓜和辣椒等作物育苗。加之因种子质量、品种特性，种子（苗）处理措施以及苗期管理等因素的影响，对于蔬菜培育壮苗和生产影响较大。

夏季育苗有七怕：一怕暴晒，二怕雨淋，三怕高温，四怕徒长，五怕伤根，六怕干旱，七怕病虫。夏季蔬菜育苗要成功，关键要做好"七防"，防强光、防雨淋、防高温、防徒长、防伤根、防干旱、防病虫。

125. 夏秋季育苗应注意哪些方面？

(1) 遮阳覆盖防暴晒、降温、防雨淋 夏秋季育苗，苗床设在棚内，棚四周挖好排水沟。一般选用"一膜二网"覆盖方式，棚顶覆盖塑料膜，膜上覆盖遮阳网，棚四周设防虫网。

(2) 防雨淋 主要是做好两点：一是育苗床四周要挖好排水沟，防止暴雨后苗床积水；二是暴雨来临之前覆盖厚防雨膜，预防雨水对幼苗的冲淋。

(3) 防高温 做好三点防高温：一是遮阳网覆盖降低苗床温度；二是防止播种后苗床高温蒸坏种子影响发芽；三是科学浇水降低苗床温度，浇水以早晨、傍晚浇水为宜，中午高温时间浇水对幼苗不利。浇水最后采用深井水浇灌，深井水温度大概在 $16\sim18℃$，可降低苗床局部温度，降低昼夜温差，有利于培育壮苗，也可减轻蚜虫的危害。

(4) 防徒长 幼苗徒长主要是因为光照条件弱，光合作用不够，温度高、湿度大等。夏季育苗徒长主要是因为夜温高，呼吸作用强，消耗养分过多；其次是氮肥和水分充足造成了苗徒长；再就是苗过密互相遮挡阳光，影响了光合作用。因此预防苗徒长应首先注意防止夜温过高，穴盘内湿度过大；再就是在施肥时少施氮肥；第三是等苗长到一定大小时，将穴盘间距拉大，增加通风透光，增强光合作用避免徒长。

126. 夏季蔬菜育苗覆盖地膜有哪些危险？

有的育苗厂在播种后为了降低基质水分蒸发，采取覆盖地膜的做法，其风险很大。其一，盖上地膜后，地膜与穴盘形成一个密闭的空间，产生高温造成焖种，尤其是在大棚内育苗，如果穴盘装的基质不是很满，地膜覆在上面之后，等于给它扯上了二膜，同时在夏季高温季节，穴盘内的温度能达到50℃。若平时再不注意对苗床的降温，温度湿度把握不好，焖种现象就极易发生。其二，如果地膜不能及时撤出，穴盘内种子出土后碰到地膜易烫伤幼苗。刚刚从营养土中拱出的幼苗很"娇气"，其耐热性很差，在高温下极易发生萎蔫，而且一旦碰到在太阳直射下温度较高的地膜，很容易烫伤生长点。

127. 穴盘苗如何控制幼苗徒长？

蔬菜穴盘苗地上部及地下部受生长空间限制，往往造成苗株徒长细弱，是穴盘苗生产品质上最大的缺点，也是无法全面取代土播苗的主因，故如何生产矮化穴盘苗是育苗业者努力追求的方向。一般可利用控制光线、温度、水分等方式来矮化苗株。生长调节剂虽然能很好地控制植株高度，但在绿色食品和有机食品蔬菜生产中不宜使用。

（1）**光线** 植物形态与光线有关，种子萌发后若处于黑暗中生长，易形成黄化苗，其上胚轴细长、子叶卷曲无法平展且无法形成叶绿素，进而影响菜苗的正常生长发育。另外，植物在弱光下会因节间伸长而徒长，而在强光下节间较为短缩。不同光质亦会影响植物茎生长，能量高波长较短的红光会抑制茎的生长，在穴盘苗生产上，顾及成本不宜人工补光，但可在温室覆盖上选择透光率高的材质。

（2）**温度** 夜间的高温易造成种苗的徒长。因此在满足植物生长的温度范围内，应尽量降低夜间温度，加大昼夜温差，有利于培育壮苗。

（3）**水分** 适当地限制供水可有效矮化植株并使植物组织紧密，将叶片控制在轻微的缺水条件下，使茎部细胞伸长受阻，但光合作用仍能正常进行，如此便有较多的养分蓄积在根部用于根部生长，从而可缩短地上部的节间长度，增加根部比例，对穴盘苗移植后恢复生长极为有利。

128. 遇到徒长苗，该如何管理？

在夏季育苗或早秋育苗时，往往会遇到因为昼夜温差小、光照不足等原因，造成苗子出现旺长的情况。幼苗出现徒长，一来苗子形态过大不利于定植，二来抗性差，表现为外强中干，看似长势喜人，实际不利于开花结果。

对于徒长苗，重点在一个"控"字，控制温度，尤其是夜间温度；控制大肥大水，尤其是氮肥的用量；使用生长调节剂进行控制。具体做法如下：

一是降低棚内温度。拉大放风口促进空气流通，白天温度控制在 25～28℃，夜间温度在 12℃左右，较低的夜温，有助于控制过旺的营养生长，促进花芽分化。

二是增强光照强度。强光环境有利于抑制苗子营养生长，菜农可擦拭棚膜、减少遮阴等，适当增加育苗棚内的光照强度。尤其是夏季，白天常使用遮阳网等进行遮光降温，菜农一定要注意使用时间不可过长。有时候温度降不下来，给幼苗一个弱光的生长环境，反而会利于徒长。

三是注意控水控肥。肥水供应充足也是造成徒长的一个条件。育苗时土壤含水量要控制在 60％～70％，适当控制土壤湿度，以便形成良好的根系。频繁浇水易使根系上浮，不利于深扎。一般来说，幼苗可以不进行施肥，若要施用应以生物菌肥以及甲壳素、腐植酸、氨基酸等养根护根性为主，少用甚至不用氮磷钾大量营养元素肥料，尤其是氮肥。

四是使用生长调节剂控制。如果发生秧苗徒长现象，在控水降温的前提下，合理使用生长调节剂是很有必要的。常用的控制旺长的生长调节剂有矮壮素、助壮素、多效唑等。一般来说，菜农可选择助壮素 750 倍或爱多收 1 500～2 000 倍液，控制植株旺长情况。

129. 幼苗培育时为什么会出现老化苗？

老化苗在一年四季都可能会遇到，蔬菜苗子受到外界不良环境的影响，就会造成老化苗的出现。如土壤长期干燥，抑制了根系生长发育，地上部分生长也受影响；防病时药剂量过大，造成药害而停止生长；蹲苗时间过长，或天气条件影响，苗子迟迟不能定植等。如果是购苗，那么多数的老化苗是由于植物生长抑制剂使用过多造成的。

在育苗厂育苗过程中，为了防止幼苗徒长，大都采取生长调节剂进行控制，如喷洒多效唑、矮壮素、助壮素等，也有的在基质中添加多效唑等，来控制幼苗长势。由于植物生长调节剂不同的施用方法，药效长短也不同，有的蔬菜苗子在定植以后较长时间内仍受到药物的控制，不能正常扎根生长。

叶面喷施多效唑的持效期是 2～3 周，而土施多效唑的持效期可长达 2～3 年。目前，某些育苗厂把多效唑添加到基质当中来控制幼苗长势，在幼苗定植以后往往会严重影响其生长。

130. 遇到老化苗，该如何管理？

应对老化苗重点在一个"促"字，打破各种限制营养生长的环境条件以及激素药物的限制，上促提头拔节，下促生根下扎，尽快恢复植株的营养生长。

一是提高并稳定棚温，保证水肥供应。提高棚温，尤其是夜间温度，应保持在 18～20℃，减小昼夜温差，有利于防止花芽过早分化，使苗子向着营养生长的方向发展。同时注意增加水肥供应，提高棚内湿度，土壤湿度控制在 70%～80%，有利于营养生长。

二是用生根剂配合保护性杀菌剂灌根。可用阿波罗 963 养根素、生根粉等配合杀菌剂连续灌根，为根系生长提供有利环境，促进新生根系的生长、扩展。

三是叶面喷施生长促进剂、叶面肥等提头。叶面喷施芸薹素内酯 1 500 倍液或云大全树果 1 500 倍液或爱多收 6 000～8 000 倍，配合乐多收、芳润、好力朴等全营养叶面肥，可起到提头开叶的作用。对于药剂控制过度的种苗，我们可以维持生长合适的温度，适当提高土壤含水量，同时喷施一些促进生长的调节剂，如赤霉酸、细胞分裂素等，也可以使用芸薹素内酯、爱多收等，促进植株根系的生长。

一些老化苗会提早出现花蕾（或果实），在定植时要注意及时摘除花蕾（或果实），并采取上述措施促进营养生长。

131. 苗期过量使用激素有哪些危害，如何科学辨别？

育苗厂育苗有时需要喷施植物激素以控制幼苗徒长，如助壮素或多效唑等。这些激素的使用一方面可以抑制徒长，提高花芽分化质量，另一方面促使茎秆变粗，叶片变厚，叶色变绿，增强幼苗抗病能力，同时提高卖相。适当浓度的喷施对于幼苗生长是有利的，但是，过量喷施就会起到相反的效果。

还有一种情况育苗厂为了延长幼苗的销售期喷施控制生长的激素。蔬菜苗不比其他商品，存放时间越长，苗子就长得越大，变成老苗后就彻底失去商品价值。因此，苗厂为了尽量挽回损失，提早喷施多效唑等控药，抑制幼苗生长，久而久之，就变成了"小老苗"。这种苗子叶色黑绿，茎秆拔节紧密，而且根系发黄，而非白色，连续喷施控药后，在幼苗茎秆基部可看到疙瘩状的小突起。这样的苗子定植后，一时半会难以返棵，尤其是在深冬期换茬期间，而且花芽分化质量差，第一穗果畸形花多，前期产量低。

132. 穴盘苗定植前如何科学炼苗？

当穴盘苗达出圃标准，经包装贮运定植至无设施条件保护的田间，面对各种生长逆境，如干旱、高温、低温、贮运过程的黑暗弱光等，往往造成种苗品质降低，定植成活率差，因此穴盘种苗的炼苗就显得非常重要。

穴盘苗在供水充裕的环境下生长，地上部发达，叶面积较大，但在移植后，田间日光直晒及风的吹袭使叶片水分蒸散速率加快，容易缺水，幼苗叶片易脱落，光合作用减少，影响幼苗恢复生长能力。若出圃定植前进行适当控水，则植物叶片角质层增厚或脂质累积，可以反射太阳辐射，减少叶片温度上升，减少叶片水分蒸散，增加对缺水的适应力。

夏季高温季节，如采用阴棚育苗或在有水帘风机降温的设施内育苗，出圃前应适当增加光照，尽量创造与田间比较一致的环境，以减少移植后的损失。冬季温室育苗，定植后难以适应外界的严寒，易出现冻害和冷害，成活率降低，在出圃前可将种苗置于较低的温度环境下 3～5 天，能达到理想的效果。

133. 幼苗销售时如何科学运输？

运输前后幼苗的管理和运输车辆对幼苗质量有很大影响，特别是高温季节和寒冷季节运输幼苗。

（1）夏季防高温

运输前苗子的管理 苗子在运输前一定要炼好苗，装框前叶子上面不能有水珠和露水，同时保持基质适宜湿度，这需要通过合理浇水，开风机降低棚内湿度来决定；装苗之前要在一天当中温度最低的时候，也就是早上进行，这样装车后苗子内部不容易发热。夏季育苗最好在阴天下育苗。

运输车辆 要选择通风的车辆，苗框也要选择透气的。运输过程中上面覆盖遮阳网。另外还要做好防雨措施。

苗子到基地后的管理 提前整理好土地，到基地后最好抓紧时间移栽。苗子到基地后将苗框从车上尽快搬运下来，放在阴凉通风的地方，上部覆盖遮阳网。一天时间一般苗子不会缺水，不用补水。放置时间最好不要超过两天。

（2）**冬春季防寒害** 冬春季育苗工厂在送苗过程中就容易使苗子受寒，严重影响到苗子的后期发育。受寒后的苗子表现出萎蔫、干边等现象，定植后会出现缓苗困难，甚至不缓苗、死棵多。运苗过程中的防寒、防风工作是否到位是影响幼苗质量的关键因素。有些育苗工厂在运送苗子时做得非常好，如有的育苗厂专门定做能正好放下一个苗盘的纸箱，一般比苗子高出 5 厘米，纸箱上下口不能封住。运苗时将上下口关闭即可，这样就避免从车上到棚里这段时间使苗子受害，而且装卸方便。有的育苗厂在装箱的基础上用高档的空调箱车运送，更增加了保温性。

134. 如何提高集约化育苗定植后的成活率？

给幼苗定植前防病虫害提供了充足的时间。苗子运来之后，要先防病防虫。防病主要防上部病害和根部病害。防植株上部病虫害，在苗子运来后，立即喷洒一遍防病防虫的药剂，一来可以预防病害，二来可以防止带病苗子上的病菌扩散。菜农可选用多菌灵、达科宁等保护性药剂喷洒。防根部病害，可用穴盘蘸根，防止病原菌乘虚而入。将穴盘内的苗子放到配好的药剂中蘸一下即可，因为用药均匀，防病效果较好。可用普力克、恶霉灵混农用链霉素配成溶液，进行蘸根，只要将药液没到茎基部即可。也可用阿米妙收 1 500 倍液进行蘸根，对于预防疫病、根腐病、立枯病等有很好的防治效果。菜农也可使用激抗菌 1 000 倍液蘸根 1 分钟后定植，也可有效预防根部病害的发生。

135. 如何判断一棵幼苗是不是壮苗？

一棵健壮的蔬菜秧苗，需要从 4 个方面来判断：①地上部健壮，叶片无畸形、表皮油亮，叶色应该是绿中带黄，茎秆较为健壮，下胚轴及节间适中。②根系生长良好，拔出苗子后不能散坨，根系粗壮，颜色嫩白，毛细根多。③无病虫害，保证没有病斑、害虫及虫卵等。④果菜类花芽分化良好，这个直接从苗子上无法判断，但在夏秋季育苗时有些苗期过长，有的穴盘苗已有花蕾出现，则属于小老苗。

136. 购买商品苗时如何维护自己的权益？

近年来，越来越多的菜农感受到了工厂化育苗带来的便利，但在购苗中蒙受损失的情况也经常发生。购苗时或者育苗厂送苗子时要严把关口，不仅要核对数量，更要注重质量。

首先，看苗子是否是要求的品种。育苗厂育苗过程中经常会出现意外情况，苗不够，不能按时按量完成供苗任务。为了完成合同，育苗厂之间会相互调剂，用不同品种的苗代替，出现掺假种苗。

其次，看是否存在劣质苗，不要被苗子的表面健壮迷住眼。有的育苗厂在出苗前由于天气、管理、用药等原因，苗子衰弱，叶色难看，他们就在幼苗出售前用尿素、激素等喷一遍，让苗子一时间看似"状态"不错。而这样的苗子在定植以后往往就会表现出缓苗慢，长势弱等情况。

再次，拒绝"小龄苗"。有些育苗厂为了降低成本，增加育苗茬次，育苗厂育出的商品苗普遍"小龄化"，如辣椒冬季本该45天的苗龄，他们30天就送来，苗子只有一两片真叶，根本不到定植的时候，勉强定植上也会像被强行断奶的孩子，适应能力差，长势往往不好。育苗厂订单多、等着倒场地是这些"小龄苗"提前出厂的主要原因。尤其是在订苗高峰期，有些不负责任的育苗厂甚至会将很多"超低龄苗"出厂。

第四部分 | 蔬菜生产管理篇

SHUCAI SHENGCHAN GUANLI PIAN

137. 黄瓜不同栽培茬口适宜的优良品种有哪些？有哪些品种特性？

(1) 日光温室越冬茬黄瓜适宜品种　日光温室越冬茬黄瓜的生育期正处在冬季寒冷、日照短、光照弱的条件下，因此选用的黄瓜品种一定要耐低温、耐弱光，抗病性强，结瓜密、雌花节位低、单性结实能力强，丰产、优质，瓜条性状符合市场需求。目前生产上栽培面积比较大的密刺型品种有中农 26 号、中农 27号、津优 1 号、津优 30 号、津优 35 号和津优 36 号等。

(2) 日光温室秋茬黄瓜适宜品种　由于秋黄瓜的栽培前期处于高温长日照，光照强度高，昼夜温差小，随着植株的生长发育，温度逐渐减弱，昼夜温差逐渐加大，所以秋茬黄瓜要选择适宜于秋季日光温室生长的黄瓜品种，如津优 35 号、津优 36 号、中农 21 号、中农 26 号、中农 27 号等。

(3) 大棚秋延后栽培适宜的黄瓜品种　根据秋延后大棚栽培特点，生产上要选用生长前期耐热、后期耐寒、丰产性好、抗病能力强、结瓜早、瓜码密且收获集中的品种。如中农 16 号、中农 10 号、中农 14 号、津优 1 号等。

(4) 露地黄瓜优良栽培品种　露地黄瓜品种要求耐热、耐涝、丰产、优质，瓜条性状符合市场需求。目前生产上栽培面积比较大的密刺型品种有中农 6 号、中农 106 号、中农 16 号、津优 1 号、津优 40 号、津春 4 号和博美系列品种等。

(5) 春大棚栽培的优良黄瓜品种　适宜春大棚黄瓜栽培的品种要求生长前期耐寒、后期耐热、早熟性突出，具备较强的抗病性，丰产性好，外观品质符合市场需求。第一雌花节位低，雌花节率高，瓜条发育速度快，尽量增加前期产量，争取在露地黄瓜未上市之前、市场价格较高的早春时间获得好的经济效益。目前生产中应用较广泛和正在推广的密刺型品种有中农 12 号、中农

16 号、津优 1 号、津优 10 号等。

中农系列（中国农业科学院蔬菜花卉研究所）：

（1）中农 6 品种特性：①中熟杂种一代。生长势强，主侧蔓结瓜，第一雌花始于主蔓 3～6 节，每隔 3～5 片叶出现一雌花。②瓜棍棒形，瓜色深绿，有光泽，无花纹，瘤小，刺密，白刺，无棱，瓜长 30～50 厘米，横径约 3 厘米，单瓜重 150 克左右，瓜把短，心腔小，质脆，味甜，品质佳，商品性好。③耐热、抗病。主抗霜霉病、白粉病、黄瓜花叶病毒病。亩产 4 500～5 000 千克或以上。

（2）中农 10 品种特性：①中熟雌型杂交种，分枝性强，耐热，夏秋高温长日照条件下表现为强雌性。②主侧蔓结瓜，瓜码密，瓜深绿色、略有花纹，瓜长 25～30 厘米，瓜粗 3 厘米，瓜把极短，刺瘤密，白刺、无棱，单果重 150～200 克。③较抗霜霉病、白粉病、枯萎病。④干物质含量 4.75%，维生素 C 含量为 105 毫克/千克，可溶性糖 2.28%，肉质脆甜。

（3）中农 12 品种特性：①早中熟杂种一代。生长势强，主蔓结瓜为主，第一雌花始于主蔓 2～4 节，每隔 1～3 节出现一雌花，瓜码较密。②瓜条商品性极佳，瓜长棒形，瓜长 25～32 厘米，瓜色深绿一致，有光泽，无花纹，瓜把短（小于瓜长的 1/8），具刺瘤，但瘤小，易于洗涤，且农药的残留量小，白刺，质脆，味甜。③前期产量高，丰产性好，抗霜霉病、白粉病、黑星病、枯萎病等多种病害。④适宜春保护地、早春露地及秋冬保护地栽培。

（4）中农 14　品种特性：①中熟品种，从播种到始收约 60 天，叶色深绿，主侧蔓结瓜，瓜色绿有光泽，瓜条长棒型，瓜长 35 厘米左右，瓜粗 3 厘米，心腔小，单瓜重 200 克左右，瓜把较短，刺较密，瘤小，肉质脆甜。②抗逆性强，较抗霜霉病、白粉病、角斑病。③干物质 5.04％，每百克（鲜重）维生素 C 含量为 12 毫克，总糖 2.58％。

（5）中农 16　品种特性：①中早熟，植株生长速度快，结瓜集中，主蔓结瓜为主，雌花始于主蔓第 3～4 节，每隔 2～3 片叶出现 1～3 节雌花，瓜码较密。②瓜条商品性及品质好，瓜条长棒型，瓜长 30 厘米左右，瓜把短，瓜色深绿，有光泽，白刺、较密，瘤小，单瓜重 150～200 克，口感脆甜。③从播种到始收 52 天左右，前期产量高，丰产性好，春露地亩产 6 000 千克以上，秋棚亩产 4 000 千克以上。④抗霜霉病、白粉病、黑星病、枯萎病等多种病害。

（6）中农 21　品种特性：①早熟性好，从播种到始收 55 天左右。②生长势强，主蔓结瓜为主，第 1 雌花始于主蔓第 4～6 节。瓜长棒形，瓜色深绿，瘤小、白刺、密，瓜长 35 厘米左右，瓜粗 3 厘米左右，单瓜重 200 克，商品瓜率高。③耐低温弱光能力强，在夜间 10～12℃，植株能正常生长发育。抗枯萎病、黑星病、细菌性角斑病、白粉病等病害。④适宜长季节栽培，周年生产每亩产量达 10 000

千克以上。

（7）中农 26 品种特性：①熟性中等，从播种到始收 55 天左右。生长势强，分枝中等，主蔓结果为主，节成性好，坐果能力强，瓜条发育速度快，回头瓜较多。②瓜色深绿、亮，腰瓜长 30 厘米左右，把短，瓜粗 3.3 厘米左右，商品瓜率高。刺瘤密，白刺，瘤小，无棱，无黄色条纹，口感好。③丰产，持续结果能力强，亩产最高可达 10 000 千克以上。综合抗病能力及耐低温弱光能力强。④适宜日光温室越冬、早春、秋冬茬栽培。

（8）中农 27 品种特性：①中早熟普通花性杂交种。生长势强，分枝中等。主蔓结果为主。早春第一雌花始于主蔓第 3～4 节，节成性高。②瓜色深绿、亮，腰瓜长约 35 厘米，瓜粗 3.3 厘米左右，心腔小，果肉绿色，商品瓜率高。刺瘤密，白刺，瘤小，微棱，微纹，质脆味甜。③抗病性较强，持续结果及耐低温弱光能力突出。④中国农业科学院蔬菜花卉研究所最新育成的日光温室栽培专用品种，适宜日光温室越冬长季节栽培，也适合秋冬茬、冬春茬日光温室栽培。

（9）中农 106 品种特性：①中熟，生长势强，分枝中等。②主蔓结果为主，早春栽培雌花始于主蔓第 5 节以上。瓜色深绿，腰瓜长 35～40 厘米，把长小于瓜长的 1/8，瓜粗 3.4 厘米左右，商品瓜率高。③刺瘤密，白刺，瘤小，无棱，基本无黄色条纹，口感好。丰产，亩产可达 10 000 千克。④耐热，高抗 ZYMV，抗 WMV、CMV、白粉病、角斑病、枯萎病和霜霉病。⑤适宜春、夏秋露地栽培。

津优系列（天津科润黄瓜研究所）：

（1）津优 1 号 品种特性：①植株长势强，以主蔓结瓜为主，第一雌花着生在第 4 节左右，瓜条长棒形，长约 36 厘米，单瓜重约 200 克。②瓜把约为瓜长的 1/7，瓜皮深绿色，瘤明显，密生白刺，果肉脆甜无苦味。③从播种到采收约 70 天，平均每亩产量为 6 000 千克左右。④高抗霜霉病、白粉病和枯萎病。⑤适宜春小拱棚栽培。

（2）津优 10 号 品种特性：①生长势较强，叶片中等，叶色深绿，前期以主蔓结瓜为主，中后期主侧蔓均可结瓜，节成性强，坐瓜率高，丰产性好，亩产量 5 500 千克。②瓜条亮绿，刺瘤适中，高抗白粉病、枯萎病、霜霉病。瓜条顺直，畸形瓜率低，生长快，瓜长 36 厘米，横径 3 厘米，单瓜重 160 克。③前期耐高温，后期耐低温。④特别适合春大棚栽培，同时也适合秋延后大棚种植。

（3）津优 30 号 品种特性：①早熟性、丰产性好，瓜码密，雌花节率 40％以上，化瓜率低连续结瓜能力强，有的节位可以同时或顺序结 2～3 条瓜。②早期产量较高，尤其是越冬日光温室栽培时，在春节前后的严冬季节能够获得较高的产量和效益。冬春茬栽培，前期产量明显高于其他品种，效益也较高。③瓜条性状优良、商品性好，该品种瓜条长 35 厘米左右，瓜把较短，在 5 厘米以

内。即使在严寒的冬季，瓜条长度也可达 25 厘米左右。瓜条刺密、瘤明显，便于长途运输。此外，该品种畸形少，有光泽，质脆、味甜、品质优。④抗病能力较强该品种高抗枯萎病，抗霜霉病、白粉病和角斑病。

（4）津优 35 号　品种特性：①早熟性好，植株生长势较强，叶片中等大小，以主蔓结瓜为主，瓜码密，第 1 雌花节位 4 节，回头瓜多，单性结实能力强，化瓜率低于10%。②瓜条生长速度快，抗霜霉病、白粉病、枯萎病、病毒病，耐低温弱光，同时具有良好的耐热性能。③瓜条顺直，皮色深绿、光泽度好，瓜把小于瓜长 1/8，心腔小于瓜横径 1/2，刺密、无棱、瘤中等，腰瓜长 32～34 厘米，畸形瓜率小于 5%，单瓜重 200 克左右，质脆味甜，品质好，商品性极佳。④适宜日光温室越冬茬及早春茬栽培，同时在多个地区春大棚、秋延后温室亦有突出表现。

（5）津优 36 号　品种特性：①早熟，植株生长势强，叶片较大，深绿色，主蔓结瓜为主。②抗霜霉病、枯萎病和角斑病，中抗白粉病；耐低温弱光，越冬栽培时，最低温度 7℃，光照 5 000 勒克斯左右，每天持续2 小时以上，连续 7 天，生长发育基本正常，生长后期可耐受 35～36℃的高温。③瓜条顺直，刺瘤明显，浅棱，瓜皮深绿色，光泽度号，果肉浅绿色，口感脆甜，品质佳，畸形瓜率低，腰瓜长 32 厘米左右，冬季低温条件下瓜条长 26～28 厘米，瓜把长小于瓜长 1/7，心腔小于横径 1/2，单瓜质量 200 克左右。④适应性强，不易早衰，持续结瓜能力强，中后期产量突出，适宜长季节栽培，越冬茬栽培每亩产量 10 000 千克以上，最高可达 23 000 千克，早春茬栽培每亩产量 7 000 千克以上。

(6) 津优 40 品种特性：①油亮型春、秋露地黄瓜品种，植株生长势强，叶片大，叶色深绿。②主蔓结瓜为主，成瓜性好，瓜条生长速度快。③瓜条顺直，瓜色深绿，刺瘤中等，光泽度极好，果肉绿色，口感脆嫩，味甜，瓜长 33 厘米，单瓜重 170 克，瓜把短，心腔小，抗黄瓜霜霉病、白粉病、枯萎病和病毒病。④耐高温，在高温炎热季节（35℃以上）可以正常生长，畸形瓜率低于 15%，丰产性好。

(7) 津春 4 号 品种特性：①较早熟，长势强，以主蔓结瓜为主，主侧蔓均有结瓜能力，且有回头瓜。②瓜条棍棒形。白刺，略有棱，瘤明显，瓜条长 30～35 厘米，心室小于瓜横径 1/2。③瓜绿色偏深，有光泽、肉厚、质密、脆甜。清香、品质良好。平均亩产 5 774 千克。④适宜小棚，地膜覆盖，春、秋露地及秋延后栽培。⑤抗霜霉病、白粉病、枯萎病。

博美系列（天津德瑞特种业）

(1) 博美 4 号 品种特性：①瓜条长 36 厘米左右，单瓜重 200 克以上。②密刺型，颜色深绿，光泽明显，果肉淡绿色，肉厚腔小，质密，清香，商品性好，生长势强。③抗热，抗逆性强，抗霜霉病，白粉病能力强；产量高。

(2) 博美 9 号 品种特性：①"油亮型"黄瓜新品种，植株长势中等，节间稳

定，瓜码适中，春季种植 2～3 节 1 瓜，夏季种植 3～4 节一瓜，叶片墨绿，小叶片，单瓜重 200 克。②春季种植腰瓜长近 35 厘米，瓜条短棒状，粗短把密刺，刺瘤明显，瓜条顺直整齐，瓜身首尾匀称，瓜色深绿油亮，商品性极佳。③心腔细、果肉厚，果肉淡绿色。④抗霜霉、靶斑等叶部病害。⑤适合春、夏、秋露地及拱棚栽培。

138. 日光温室越冬茬黄瓜定植前做何准备，定植后如何进行温光、水肥管理？

(1) 定植前准备

棚室消毒　每亩用 80% 敌敌畏乳油 250 毫升拌适量锯末，与 2～3 千克硫黄粉混合，分 10 处点燃，密闭一昼夜后放风。或采用百菌清烟雾剂熏蒸消毒。

整地施肥　越冬茬黄瓜生长期长需肥量大，必须重施有机肥，一般每亩温室施腐熟优质厩（圈）肥和其他粗肥 15～20 米^3、三元复合肥 50～100 千克、过磷酸钙 100 千克、硫酸钾 15 千克、硫酸锌 1.5 千克。其中，1/3 在种植带内集中沟施，剩余 2/3 撒施在土壤表面，然后深翻 20～40 厘米。扣膜后先浇一次透水，焖棚 4～5 天后通风散湿，保证棚内有足够的底墒。然后整地做垄，垄宽 80～90 厘米为宜，沟宽 40～50 厘米为宜，垄高 15～20 厘米为宜。

栽培方式与定植　选择 3～4 片真叶生长健壮的黄瓜幼苗于 10 月上旬至 11 月初进行定植，每垄定植两行，株距 28～30 厘米，每亩定植 3 200～3 500 株。定植后，浇透水，7～10 天后深中耕并向植株覆土形成小高畦，应注意避免培土过深使秧苗嫁接口接触土壤，然后覆盖地膜。

（2）**定植后结瓜前管理** 缓苗结束后，紧接着中耕散墒，使土壤保持上干下湿，上虚下实，促发根系，引根下扎。加强通风，加大昼夜温差，进行变温管理，白天控制温度在28～32℃，夜间12～15℃。要控制浇水，遵循不旱不浇水的原则。出现旱旱现象在膜下浇小水，促使根系向纵深发展。在施足基肥的情况下，结瓜前期不需要追肥。

（3）**结瓜期管理**

温度管理 霜降以前，日光温室上齐草苫或保温被，草苫揭盖时间要因天气而定。棚内最低气温降到8℃以下时，夜间要覆盖草苫。上午揭草苫的适宜时间，以揭开草苫后温室内气温不下降为准。使室内气温保持在白天25～28℃，夜间11～15℃，晴天午间温度达30℃时，可用天窗通风。

光照管理 即使在连续多天阴雨的情况下，只要室内气温不下降，也要揭苫，每天让黄瓜苗见4～5小时的散射光。另一方面保持温室膜面清洁，提高薄膜透光率，增加光合效率。

肥水管理 12月下旬根瓜采收后，可进行第1次浇水、追肥。浇水要从地膜下实行暗沟灌溉，切忌大水漫灌，浇水须选晴天上午10：00左右进行，追肥结合浇水，每次每亩冲施三元复合肥10～15千克。根据室内土壤墒情，20天左右浇一次水肥，每次摘瓜后可用0.3％的尿素或磷酸二氢钾溶液交替叶面喷肥。

（4）**越冬后管理**

温度管理 要注意及时进行通风，晴天时，白天室温上午25～28℃，下午25～20℃，上半夜15～20℃，下半夜13～15℃。阴雨天时，白天室温25～20℃，夜间10～15℃。

光照管理 2月中旬以后，随日照时数逐渐增加，适当早揭草苫、晚盖草苫，尽量延长植株见光时间。注意清洁薄膜，增加光照时间和强度。

肥水管理 2月中旬至3月中旬，15天左右浇一次水，配合冲施腐熟的豆饼水（每次每亩用豆饼50～70千克），或每亩冲施氮、磷、钾复合肥20千克。3月中旬以后，7～10天浇一水，浇2次水需追肥1次，每次每亩施硝基复合肥15～20千克。4月下旬以后，进入结果后期，植株开始衰老，大部分植株出现回头瓜，在此期间，土壤追肥可以停止，重点采用叶面喷肥，水分要4～5天浇一次，保证后期产量。

139. 日光温室越冬茬黄瓜如何进行植株调整？

（1）结瓜期植株调整及疏花疏果 当黄瓜苗长出5～6片真叶时及时吊蔓，当黄瓜生长点接近棚膜时要进行落蔓，落蔓前先摘去下部老叶，整个生长期要落5～6次。同时要及时摘除植株萌生的侧枝、雄花、卷须和过多的雌花，减少养分消耗。在严冬出现连续10天以上阴雨低温天气时，要摘除部分雌花和幼果，龙头以下20厘米内开花的幼瓜要疏掉，使养分集中供应叶蔓，保证植株安全度过灾害性低温天气。

（2）结瓜期保花保果 及时疏花疏果，建议在至少6片叶以上开始留瓜，增加周期产量，防止植株早衰，提高抗逆性；低温坐果困难时可使用保果宁、坐果灵、保花保果剂、丰产剂2号等植物生长调节剂处理雌花。注意：坐果灵等生长调节剂的使用，只可作为生长结果的调节手段，不可作为生产的常规措施。切忌，滥用生长调节剂追求该时期的产量。

（3）越冬后植株管理 及时吊蔓、落蔓。落蔓后要保留13～16片绿色功能叶，同时及时摘除植株萌生的侧枝、雄花、卷须以及下部黄叶和病叶，以利于通风透光。及时疏花疏果，保证商品果品质。一般于5月下旬至6月上旬拉秧。

140. 日光温室黄瓜套种苦瓜栽培的关键技术有哪些？

由于苦瓜起源于热带，是耐热的作物，对环境适应性强，10～35℃均能适应，并且抽蔓前生长缓慢，不影响冬季黄瓜的生长，后期也不用搭架，可利用温室拱架攀缘生长。因此，利用日光温室进行黄瓜苦瓜套作栽培，可以充分利用温室的休闲期，也提高了温室设施的利用率。根据调研，越冬温室黄瓜苦瓜栽培模式的效益较高且稳定。以河南省为例，简述此种栽培模式的关键技术。

（1）茬口的安排 见表7。

表 7　栽培茬次安排

茬次	播期	育苗方式	定植期	密度	始收期	终收期
越冬黄瓜	9月5～12日	温室嫁接育苗	10月10～20日	65厘米×33厘米	12月2～12日	4月下旬至5月上旬
越夏苦瓜	10月17～27日	浸种直播	10月17～27日	2～3米×60厘米	5月1～10日	9月上旬

（2）品种的选择

黄瓜 越冬茬黄瓜栽培一般采用嫁接育苗的方式。黄瓜品种需要选择抗寒能力强、不歇秧、产量高、瓜条好、连续结瓜能力强、抗病性强、瓜码密的中早熟品种，比如博杰42号、博新201等，不宜选择下瓜早、前期产量高的早熟品种。砧木一般选用黑籽南瓜或者白籽南瓜，白籽南瓜又分为小白籽和大白籽两个品系。

苦瓜 选用玛雅018、绿剑、沃特等绿皮苦瓜品种。

（3）适时播种与育苗

黄瓜　越冬茬黄瓜从播种至结瓜初盛期约需 92 天，越冬茬黄瓜销售量开始较大幅度增加，价格也高的时期在大雪前后 10 天，即 12 月 2～12 日，因此 9 月 5～12 日为越冬茬黄瓜的适宜播种期。越冬茬黄瓜栽培一般采用嫁接育苗，多采用靠接和插接两种方法。①靠接法。小白籽做砧木时，南瓜播种时期晚于黄瓜 1 天即可；黑籽做砧木时，南瓜播种要在黄瓜苗出齐后进行。适宜嫁接时期的选择：黄瓜第一片真叶如一元硬币大小时，白籽南瓜两片子叶展平即可开始嫁接；黑籽南瓜第一片真叶展露时为嫁接适期。具体操作如下：先用刀片将砧木苗两子叶间的生长点切除，在子叶下方（与子叶着生方向垂直的一面上）呈 35°～40°角向下斜切一刀，深达胚轴直径的 2/3 处，切口长约 1 厘米。将黄瓜苗从苗床中拔起，在子叶下 1 厘米处，呈 25°～30°角向上斜切一刀，深达胚轴直径的 1/2～2/3 处，切口长约 1 厘米。将黄瓜苗与砧木苗的切口准确、迅速的插在一起，并用塑料夹夹牢固，使黄瓜子叶在南瓜子叶上面。②插接法。具体操作方法见 118 问。

苦瓜　苦瓜在播种后 175 天进入结瓜初盛期（孙蔓结瓜），温室苦瓜销售价高出黄瓜一倍，苦瓜批售量显著增大的时期出现在立夏前后 10 天，即 5 月 1～10 日，因此上一年的 10 月 17～27 日为越冬茬黄瓜套种越夏苦瓜的适宜播种期。苦瓜多采用浸种后直播的方法。

（4）炼苗与定植　黄瓜定植前一周加大温差炼苗，白天温度可以控制在 25～30℃ 以上，夜间尽量降低温度（苗期）即可。夜间可以不覆盖任何覆盖物，如果在棚内育苗，要开大风口。如果追求前期产量，此时可以适当喷施"增瓜灵"类激素，但浓度要适当。

黄瓜的定植密度及定植方式同常规栽培（见第 138 问）。苦瓜的播种时间与密度见表 7。

(5) 田间管理

黄瓜 黄瓜的田间管理同常规栽培（见第 138、139 问）。黄瓜常见病虫害及防治方法同常规栽培（见第 142 问）。

苦瓜 从定植到第二年 4 月初，温室管理以黄瓜为主，苦瓜要及时盘绕在吊绳上，高度不要超过铁丝即可。春节后随着气温回升，苦瓜开始生长，管理上应该黄瓜、苦瓜并重。进入 3 月后，黄瓜进入结果末期，价格开始走低，此时重心就应转移到对苦瓜的管理上。

一是吊蔓。在进入深冬季节后，要及时对苦瓜进行吊蔓处理，并且苦瓜要低于黄瓜 30～50 厘米，并将苦瓜顶部下压，控制长势，以防影响黄瓜生长。到黄瓜拔园时，再把苦瓜茎蔓伸直，促其恢复长势。

二是人工授粉。苦瓜是虫媒花，在温室封闭环境下，昆虫极少，难以授粉，宜采用熊蜂或人工授粉。600～1 000 米^{2}室内放一箱蜂（6 片巢脾，约计 1.2 万～1.5 万头）。熊蜂授粉虽然有授粉及时、授粉率高、省工等突出优点，但熊蜂对雌花没有选择性，一些发育不良的雌花也授了粉。所以熊蜂授粉的同时还需要人工授粉。人工授粉的方法是摘取新开放的雄花，去掉花冠，与正在开放的雌花的柱头相对授粉，也可用毛笔取雄花的花粉，往正开放的雌花柱头上轻轻涂抹。建议采取熊蜂授粉与人工选择授粉相结合的方式，提高坐果率及生长速度。

三是温度管理。苦瓜开花结果的适宜温度为 20～30℃，可忍耐 30℃以上的高温。进入 4 月以后，温室内除夜间保温外，白天则要逐渐加大通风排湿降温，当棚内温度达到 33℃时开始通风，下午棚内 22～24℃时关闭窗口。

四是水肥管理。由于温室苦瓜生长期长，达 10 个月以上，采瓜期也在 4 个月以上，因此在施足基肥、培育壮苗的基础上，及时进行追肥，结果期每 7～10 天追肥一次，亩用硝酸钾 10～15 千克，少施或不施氮肥，辅以复合肥。水分以保持畦面湿润即可，以免烂根。

五是植株调整。苦瓜的分枝力强，主蔓上雌花的结果率是随着节位上升而降低，产量主要靠第 1～4 节雌花结果。首先保持主蔓生长，以主蔓和 2～3 条侧蔓持续结果，将主蔓高 1 米以下的侧蔓全部去掉，主蔓长到一定高度后，留下 2～3 个健壮的侧蔓与主蔓一起上架，以后再生出的侧蔓，有瓜者留蔓，并于雌花后留 1 叶摘心；无雌花的则将整个分枝从基部剪去。其后再发生的侧枝，包括各级分枝，有雌花即留枝，如果各级分枝上出现相邻两朵雌花，应去掉第 1 朵，保留第 2 朵雌花结果。这样整枝可增加前、中期的产量，并有利于控制茎叶过多影响通风透光，控制过旺的营养生长。

六是苦瓜病虫害防治。苦瓜常见病虫害主要有苦瓜白粉病和细菌性角斑病。针对白粉病，可以通过调整栽培措施，如：增施磷钾肥，不偏施氮肥，防止植株徒长和脱肥早衰；田间不积水，及时摘除下部病、黄叶，以利通风；在保证温度的情况下延长大棚的通风时间。也可以通过化学方法防治：选用 50％翠贝 3 000～4 000 倍液，或 12.5％氰菌唑 1 500～2 000 倍液、12.5％的腈菌唑乳油 2 000 倍液、78％科博可湿性粉剂 600 倍液喷雾，隔 7 天左右防一次，连续防治 2～3 次。翠贝对白粉病的防治效果好，并具有良好的治疗作用，还能延长作物的采收期，但每季作物使用不能超过 2 次，否则易产生抗药性。

针对细菌性角斑病，可以通过种子消毒、无菌土育苗、地膜覆盖等栽培措施防治。也可以全株喷施 72％农用链霉素 4 000 倍液、70％甲霜铜可湿性粉剂 400 倍液、30％琥珀肥酸铜可湿性粉剂 500 倍液、14％络氨铜水剂 300 倍液、可杀得 3 000 等化学药剂进行防治，每 7～10 天一次，连续 2～3 次。

（6）适时采收 黄瓜在 12 月初进入始收期，根据不同天气，雌花开花后 5～10 天，黄瓜由淡绿色转为深绿色时即可采收。一手托住瓜,一手用剪刀将果柄轻轻剪断,果柄留 1 厘米长左右。

苦瓜从开花至采收商品成熟嫩瓜,一般在冬春季需 14～15 天,夏季 8～12 天。用剪刀将瓜柄一起剪下。采收标准:瓜条充分长大,表皮瘤状突起饱满且具光泽。白皮苦瓜表皮由浅绿变白,有光亮感时即可采收。采收过早,食味欠佳,而且产量低;采收过晚,货架期短,且瓜条顶端易开裂露出鲜红瓜瓤,失去商品价值。

141. 引起小黄瓜皴皮现象的原因有哪些?如何预防?

(1) 不合理放风 放风不当会导致棚室内温度变化过大,湿度也会随之大幅度变化,造成瓜皮生长速度慢,瓜肉的生长速度快,部分瓜皮组织坏死,形成一些细小的裂口并流出胶粒,裂口逐渐增大增多,形成"皴皮"。对于这种现象要及时调节棚室内的温度和湿度,调整放风的时间和放风量的大小:早放风,放小风,逐渐加大放风口,切忌在棚温达到 30℃ 以上时突然放风,这样会造成棚室内温湿度变化剧烈。阴天时,即使棚温不高,也要在上午 11:00 以后短时间放风,防止瓜条结露。

(2) 蘸花药浓度不合理 由于小黄瓜皮薄,蘸花药浓度过大易造成瓜体膨瓜过快,瓜肉与表皮生长速度不一致,从而造成瓜皮胀裂、流胶,产生皴皮。蘸花药中若含有赤霉素,更会加快小黄瓜膨瓜速度,使小黄瓜皴皮格外严重。建议菜农对蘸花药浓度小范围试验,选出合适浓度再大面积使用,蘸花药浓度要随着温度升高而降低。

(3) 缺硼 缺硼容易导致黄瓜皴皮,菜农可以通过叶面喷施硼肥的方法加以缓解。

(4) 药害 小黄瓜很容易发生病毒病,传播病毒病的很重要的途径就是白粉虱。菜农在防治白粉虱时多采用药剂,用药浓度不对、药量过大或者用药时间不合理都会导致药害,从而引起黄瓜表皮形成凹陷的斑点，随着瓜条的生长，病斑连成片，造成皱皮。可以采取粘贴防虫板、安装防虫网等物理措施，或调整药剂使用方法来防止小黄瓜皱皮，尤其注意药剂不要在连阴天喷施，也不要在高温期间用药。

142. 黄瓜常见的病虫害有哪些？如何防治？

（1）猝倒病

症状：是黄瓜苗期主要病害之一。苗期露出土表的胚茎基部或中部呈现水渍状，后变成黄褐色，枯缩为线状，往往子叶尚未凋萎，幼苗即突然猝倒，导致幼苗贴扶地面，有时瓜苗出土胚轴和子叶已普遍腐烂，变褐枯死。

发病特点：在气温低、土壤湿度大时发病严重，造成烂种、烂芽及幼苗猝倒。

防治方法：做好种子和床土消毒，发病可用64%恶霜灵＋代森锰锌500倍液喷雾防治。

（2）立枯病

症状：是黄瓜幼苗常见的病害。主要危害幼苗或地下根茎基部，初期在下胚轴或茎基部出现近圆形或不规则的暗褐色斑，病部向里凹陷，扩展后围绕一圈致使茎部萎缩干枯，造成地上部叶片变黄，最后幼苗死亡但不倒伏。

发病原因：播种过密、间苗不及时或者温度过高。

防治方法：床土消毒，发现中心病株后及时拔除，带出苗床集中销毁，并用72.2%霜霉威水剂800倍液喷雾进行防治。

（3）霜霉病

症状：苗期生长期都常见的病害。主要危害叶片和茎部。苗期发病，子叶上起初出现褪绿斑，逐渐呈黄色不规则斑，潮湿时子叶背面产生灰黑色霉层，子叶很快变黄、干枯。成株期发病，叶片上最初出现浅绿色水渍斑，扩大后受叶脉限制，呈多角形，黄绿色转淡褐色，后期并斑汇合成片，导致全叶干枯，潮湿时叶片背面并斑上生出灰黑色霉层，严重时全株叶片枯死。

发病原因：黄瓜霜霉病最适宜的发病温度是 16～24℃，适宜的发病湿度为 85％以上。在温室中，人们的生产活动是霜霉病的主要污染源。

防治方法：选用对霜霉病抗病良种，培育无病壮苗。加强栽培管理，控制栽培密度，采用高畦栽培，有条件采用滴灌技术可较好地控制病害。发病初期适当控制浇水，增强通风，降低空气湿度。发病时，可用 72％杜邦克露可湿性粉剂 800 倍液，或64％杀毒矾可湿性粉剂 800 倍液、58％瑞毒霉锰锌可湿性粉剂800 倍液、58％甲霜灵锰锌可湿性粉剂 600 倍液、70％乙膦铝·锰锌可湿性粉剂 500 倍液喷雾进行防治。收获后彻底清除病残落叶，并带至棚、室外妥善处理。

（4）灰霉病

症状：主要危害黄瓜的叶片、幼果、茎蔓和花蒂。叶片染病，病斑初为水渍状，后变为不规则的淡褐色病斑，有时病斑长出少量灰褐色霉层。高湿条件下，病斑迅速扩展。茎蔓染病后，茎部腐烂，瓜蔓折断，引起烂秧。多从开败的雌花开始侵入，初始在花蒂产生水渍状病斑，逐渐长出灰褐色霉层，引起花器变软、萎缩和腐烂，并逐渐向幼瓜扩展，瓜条病部先发黄，后期产生白霉并逐渐变为淡灰色，导致病瓜生长停止，变软、腐烂和萎缩，最后腐烂脱落。

发病特点：在连阴雨、光照不足、气温低、湿度大的天气条件下，如不及时通风透光，发病重。

防治方法：苗期、瓜膨大前及时摘除病花、病瓜、病叶。加强栽培管理，加强通风换气，适量浇水，防止温度过高。控制湿度，控制病菌侵染。发病时，用 45％百菌清烟剂以 250～300 克/亩剂量烟熏，或 40％灰霉一熏净烟剂以 300 克/亩剂量烟熏，或 40％嘧霉胺可湿性粉剂 1 000 倍液喷雾，或 50％速克灵可湿性粉剂 800 倍液喷雾，或 50％多霉灵可湿性粉剂 800 倍液喷雾进行防治。收获后期彻底清除病株残体，对土壤进行消毒。

（5）白粉病

症状：黄瓜栽培中常见的病害，以叶片受害最重，其次是叶柄和茎。发病初期，叶片正面或背面产生白色近圆形的小粉斑，逐渐扩大成边缘不明显的大片白粉区，布满叶面，像撒了一层白粉。抹去白粉，可见叶面褪绿，枯黄变脆。发病严重时，叶面布满白粉，变成灰白色，直至整个叶片枯死。白粉病侵染叶柄和嫩茎后，症状与叶片上相似，但病斑较小，粉状物较少。

发病原因：种植密度大、通风透光不好，发病重。肥料未充分腐熟、有机肥带菌或肥料中混有本科作物病残体的易发病。气候温暖、空气干燥、干旱与潮湿不断交替、光照不足易发病。连阴雨后长期干燥易发病。

防治方法：选用耐病品种。加强管理，阴天不浇水，晴天多放风，降低温室或大棚的相对湿度，防止温度过高。白粉病发生时，可用 25％阿米西达悬浮剂 1 500 倍液，或 75％达克宁可湿性粉剂 600 倍液、10％世高水分散粒剂 2 500 倍液、32.5％苯醚甲环唑醚菌酯悬浮剂 1 500 倍液喷雾防治。

（6）细菌性角斑病

症状：主要危害叶片和瓜条。叶片受害，初为水渍状浅绿色后变淡褐色，呈多角形。后期病斑呈现灰白色，易穿孔。湿度大时，病斑上产生白色黏液。茎及瓜条上的病斑初呈水渍状，近圆形，后呈现淡灰色，病斑中部常产生裂纹，潮湿时产生菌脓。

发病特点：一般低温、高湿、重茬的温室、大棚发病重。

防治方法：选用抗病强的品种，对种子进行消毒；加强栽培管理，与非瓜类作物轮作，高垄栽培，铺设地膜，减少浇水次数，降低田间湿度；发病时用 72％农用链霉素稀释至 4 000 倍液喷雾，或 30％琥胶肥酸铜可湿性粉剂 500 倍液、40％细菌快克可湿性粉剂 500 倍液、40％细菌快克可湿性粉剂 600 倍液、90％新植霉素可溶性粉剂 5 000 倍液喷雾防治。

（7）枯萎病

症状： 在整个生长期都能发生，开花结瓜期发病最多。苗期发病时茎基部变褐、萎蔫猝倒。幼苗受害时，出土前就可腐烂，或出土不久后子叶就会出现失水状，萎蔫下垂。成株发病时，初期受害植株表现为部分叶片或植株一侧的叶片，中午萎蔫下垂，似缺水状，但早晚恢复，数天后不能再恢复而萎蔫枯死。

发病特点： 重茬次数越多病害越重。土壤高湿、根部积水、高温有利于病害发生，氮肥过多、酸性、地下害虫和根结线虫多的地块病害发生重。

防治方法： 选用无病新土育苗；与非瓜类作物实行轮作；选用抗病砧木嫁接防病；加强栽培管理，利用高畦栽培，铺地膜，加强通风；结果期小水勤浇。发病时，可用 50％多菌灵可湿性粉剂按照 1∶100 配制成药土，每亩 1.25 千克；或 70％甲基硫菌灵可湿性粉剂、70％敌克松可湿性粉剂 1 000 倍液灌根，每株250 毫升；或 50％立枯净 100 倍液灌根，每株 250 毫升进行防治。

（8）**主要虫害及其防治**　黄瓜虫害主要有蚜虫、白粉虱等。

蚜虫在黄瓜叶片背面或幼嫩茎芽上群集，吸食叶片卷缩畸形，并传播病毒，还排出大量的蜜露污染叶片和果实，影响光合作用。可以利用黄板诱杀，采用银灰色薄膜进行地面铺盖或在大棚、温室等田间悬挂银灰色薄膜条，起到避虫的作用。也可用2.5％溴氰菊酯乳油 2 000～3 000 倍液，或 10％吡虫啉可湿性粉剂 2 000～3 000 倍液喷雾进行防治。

白粉虱成虫排泄物不仅影响植株的呼吸，也能引起煤烟病等病害的发生。白粉虱在植株叶背分泌大量蜜露，引起真菌大量繁殖，影响到植物正常呼吸与光合作用，从而降低蔬菜果实质量，影响其商品价值。可通过轮作倒茬防治虫害发生，或在发病时用2.5%联苯菊酯乳油稀释至3 000倍液喷雾进行防治。

143. 西瓜生产中特色西瓜品种有哪些？各品种有哪些特性？

花皮圆形西瓜品种：

（1）彩虹瓜之宝（河南豫艺种业）品种特性：①瓜形玲珑美观，瓤色红橙、乳黄相间。②横切显花瓣，纵切似彩虹。③瓜肉细嫩多汁，入口即化，中心糖高达13.5%以上，同时甜到瓜皮。④一株可结多瓜，单瓜重1.5~2千克。⑤特别推荐园区、家庭农场、旅游观光园春秋大棚、早春温室种植。

（2）玲珑瓜之宝2号（河南豫艺种业）品种特性：①翠绿皮上具清晰细条带，瓜形玲珑可爱。②果肉鲜红艳丽，瓤质酥脆，糖度高可达14.5%，品质佳。③单瓜重1.5千克左右，皮薄而硬韧，礼品西瓜中的佼佼者。④适于春秋大棚种植。

（3）国豫七号（河南豫艺种业）品种特性：①新选育的细条带花皮圆瓜，坐瓜后约30天成熟，圆整美观，底色鲜绿干净，具深色细直条带。②瓤色大红，剖面好，中心糖可达12.5%以上，梯度小，风味纯正。③具有良好的耐低温性状，不易空心厚皮，不易裂瓜，平均单瓜重 7 千克左右。④适宜小拱棚及早春露地种植。

（4）豫艺甜宝（河南豫艺种业）品种特性：①露地专用早熟圆形西瓜，正常气候条件下，全生育期 85～88 天，坐瓜后 26～28 天成熟。②单瓜重 5～8 千克，大瓜可达 10 千克，亩产 4 000～4 500 千克。③果肉鲜红美观，肉质爽脆可口，中心糖度可达 13％。④最适于露地及麦瓜套、瓜棉套种植，已在河南、河北、四川、云南大量种植。

花皮椭圆形西瓜品种：

（1）锦霞八号（河南豫艺种业）品种特性：①椭圆形花皮彩瓤西瓜。②生长稳健，耐低温，低温下花芽发育较好，易坐瓜，坐瓜整齐，果实发育期 26 天左右。③单瓜重 2～3 千克，硬脆爽口，回味清香，糖度可达

14％，皮薄而极韧，不易空心，不易厚皮，很少发现倒瓤和裂瓜现象，正常情况下 100 千克的人踩不裂，2 000 千米运输不烂瓜，常温下存放半月不变质。④春秋大棚和精细管理的露地均可。

（2）新机遇（河南豫艺种业）品种特性：①瓜个大、产量高，一般单瓜重 8～10 千克，大瓜可达 18 千克。②叶片中小，抗性强，易坐瓜且坐瓜整齐。③皮色翠绿，条带清晰，瓤色大红，品质佳。④在河南、山东、河北、湖北、江苏、安徽、广东、广西等地均表现突出。

黑美人类西瓜品种：

(1) **精品黑小宝**（河南豫艺种业）品种特性：①中熟，坐瓜性好，瓜形饱满。②果皮墨绿色，单果重可达 4～5 千克，果皮薄而硬韧，耐贮运性好，适应性广。③瓜肉大红，中心含糖量高达 13％。④在河南、福建、广西、广东、湖南、湖北等地种植，表现良好。

144. 常见的西瓜栽培模式有哪些？各种栽培模式推荐的栽培品种有哪些？

(1) **温室栽培** 温室的保温效果好，即使是在冬季温度特别低的时候，也能满足作物生长对最低温度的需求，使西瓜提前种植、抢早上市，获得高收益。河南省温室西瓜育苗期一般为 12 月下旬至 1 月上旬，定植期为 2 月上中旬，4 月下旬至 5 月上旬上市，可收获二茬瓜。冬季西瓜温室栽培以追求高价格、高效益为目的，再加上这一阶段气候不稳定，因此，这一时期温室栽培对西瓜品种的要求更为严格。适合温室栽培的中小果型优质品种有：彩虹瓜之宝、美丽瓜之宝、锦霞瓜之宝、黄肉京欣、袖珍红宝等；中大果型品种有耐低温、易坐瓜的国豫二号、国豫三号、国豫七号等。

(2) **塑料大棚多层覆盖栽培** 大棚多层覆盖是指"大棚＋二膜＋拱棚＋地膜"，有的地方为了增加保温效果，提早西瓜上市时间，还在拱棚上加盖草苫。目前该模式已成为山东、河南、河北、安徽等地春棚西瓜的主要栽培模式。这种栽培模式一般先育苗后定植，西瓜整个生育期都处于大棚覆盖条件下，华北、华东地区定植期可提前到 2 月下旬至 3 月上旬，收获期可提前到 5 月上中旬。如若精细管理，6 月中旬就可收获二茬瓜，且二茬瓜结得也很好。推荐品种：彩虹瓜之宝、锦霞瓜之宝、美丽瓜之宝、国豫二号、国豫三号、国豫七号、黄肉京欣、袖珍红宝、早花香、甘甜无籽等。

(3) 小拱棚栽培（又称"双膜覆盖"） 双膜覆盖一般是拱棚加地膜覆盖。多数先育苗后定植，河南中部可于3月中下旬定植，若夜间在棚上覆盖草苫，定植期可提前到3月上旬，一般于6月上旬即可上市，还可留二茬瓜，经济效益较高。目前，河南双膜覆盖西瓜栽培技术很成熟，面积较大且效益好。这种栽培方式以追求早熟、售价高为主要目的，同时兼顾二茬瓜产量，因此，要求选用耐低温、早熟，且二茬瓜好的品种。适合的品种有国豫二号、国豫三号、国豫七号、黄肉京欣、豫星三号、豫星六号、早花蜜王、农抗二号等。

(4) 地膜覆盖栽培 地膜覆盖栽培是目前我国最普遍的一种种植方式，有"直播种子后盖膜"和"盖膜后定植提前育成的瓜苗"两种方式。有的地方采取地膜"先盖天、后盖地"的栽培方式，效果很好。河南、山东地膜覆盖西瓜约在4月中旬断霜后种植，收获期较露地直播的早7～15天，产量可高30%左右。一般以中熟或中早熟品种为主，既追求早熟，又兼顾产量，适合的优良品种有豫艺甜宝、新机遇、绿之秀、龙卷风、精品花冠908、改良新墨玉、精品黑小宝、豫艺大果黑美人、华之秀、天盛无籽等。

(5) 露地直播 中原地区清明节过后基本进入无霜期，气温回升快，露地西瓜可直播干籽或催芽后直播。这种种植方式的主要目的是高产，一般选中早熟或中晚熟、适应性好、抗逆性强、高产优质的大果形品种。绿之秀、新机遇、龙卷风、豫艺360、精品花冠908、黑秀优选型、新墨玉提纯型等属于生长势强健的大果高产型西瓜品种，单瓜重多数在8～10千克，大者可达20千克以上。

145. 西瓜早春大棚栽培关键技术有哪些？

（1）品种选择 河南区域春大棚西瓜收获期约在 5 月上旬，此期西瓜价格基本稳定在 3～4 元/千克，亩效益高达 1 万～1.5 万元，而如果种植礼品西瓜，则效益更高，亩收益高的在 4 万～5 万元。为了追求早熟、高收益，选用早熟或中早熟品种，要求耐低温弱光、抗病丰产性好、商品性及品质佳的中等或中大果型品种。

（2）培育壮苗 早春大棚西瓜定植较早，定植时天气冷、地温低，提倡采用嫁接方式培育壮苗。目前西瓜栽培中最常用的嫁接方法有插接、靠接两种。培育出的幼苗是否健壮，可以从以下几个方面来判断：①幼苗下胚轴粗壮约 4～5 厘米高，子叶平展、肥厚浓绿，生长稳健。②生理苗龄幼苗具有 3～4 片真叶，真叶叶柄短，叶片肥大，叶色深绿，主茎节间短，且无病虫害。③根系发达白嫩，主根长达 20～30 厘米，侧根数目多。具备上述标准的瓜苗耐旱、耐寒，抗逆性强，移栽后缓苗快。

（3）整地施肥、适时定植 冬前深耕晒垡，使土壤疏松，以利增温。早春精细整地、施肥，每亩用量为腐熟鸡粪 3 000 千克、三元素复合肥 40 千克、硫酸钾 15～20 千克、过磷酸钙 40 千克，其中一半沟施，另一半结合耕翻全园撒施。整地后起垄，垄宽 0.8～1 米、高 15 厘米。在垄中间开 15 厘米左右深的灌水沟，在垄上灌水沟的两侧各定植一行西瓜。

为了提早定植，最好在定植前 10～15 天盖地膜、扣棚膜，使棚内迅速升温。当棚内气温稳定在 15℃以上，10 厘米地温稳定在 13℃时，即可定植，定植时选苗龄 40 天左右、有 4～5 片真叶的壮苗，定植时间约在 2 月中旬，选在晴天上午为宜。一般采用大小行栽培，大行 2 米，小行 50 厘米。先用打孔器在扣膜的垄面按照（小）行距 50 厘米，株距 50～60 厘米打出定植穴，向穴内浇适量定植水，然后将带完整土坨的苗子栽入定植穴内（多留一些苗子用于后期补苗），使土坨表面与垄面齐平或稍稍露出，填土后轻轻压实。全棚栽完苗子后，为预防病虫害发生，可喷施好意（80％优质代森锰锌）或圣克（75％百菌清），然后在垄面上扣小拱棚，最后扣严大棚，夜间加盖草苫，以保证棚内的温度。

（4）定植后的管理

温度管理 ①定植后 5～7 天内一般不通风，保持白天温度在 28～32℃，夜间 15℃左右，利于缓苗。②缓苗后进行少量通风，一般先揭小棚，后揭大棚，返苗至伸蔓期棚温白天控制在 22～25℃，夜温稳定在 12℃以上，当瓜蔓长到 40～50 厘米时撤除小拱棚。③初花至坐果期，为了控制生长速度，促进营养生长向生殖生长转化，温度控制在 25℃左右，随着外界气温的升高，逐步加大通风口，降低棚内温度。④坐果期棚温要相应提高，白天保持在 28～30℃，夜温不低于 15℃，否则将引起坐瓜不良。⑤坐果后，为了促进果实膨大，白天提高棚温至 30～32℃，夜温控制在 18℃左右。⑥待果实长到 1 千克大小时，为了提高果实品质，逐步加大昼夜温差。

水肥管理 ①由于大棚西瓜定植较早，前期外界气温很低，棚内地温比较低，所以前期尽量少浇水以保持地温。②缓苗后至伸蔓前，结合浇水冲施伸蔓肥促棵早发，浇水应从小行间的膜下暗灌，以防棚内湿度过大。③坐果前控制水肥，瓜胎坐稳后，浇足膨瓜水，并结合浇水施膨瓜肥，每亩追复合肥 25～30 千克（或硫酸钾 20 千克），采收前 7 天停止浇水。

植株调整 通过整枝、压蔓、摘心等调整西瓜植株，控制营养生长，促进生殖生长。一般采用双蔓或三蔓整枝，在主蔓第 4～6 节处选留两条健壮的子蔓，将主蔓及子蔓上的所有分杈全部摘除（到瓜坐稳时为止），以减少养分消耗，促进坐瓜和高产。

压蔓实际上是对所留下的茎蔓，通过整理、拉直理顺、固定，使每片叶子在田间都能占据一定的空间，减少相互的遮挡。压蔓方式有三种：①为暗压，即顺蔓的走向，挖一长 10 厘米的浅坑，把蔓放入沟内用土压紧，这种方式适用于疏松的沙土或沙壤土。②为明压，就是把蔓拉直，隔一定距离用土坷垃压住，明压适用于黏重的土地进行。这两种压法都易在被压处的蔓上形成不定根，尤其是暗压。③卡蔓，即用 8～10 厘米长的杨树条、柳树条折成"∧"形或树杈卡在蔓上，这种方式省工简便，被压处不易发生不定根，也防止了枯萎病从被压处侵入。西瓜的主蔓、侧蔓都要压，6～7 片叶倒秧后及时压头刀，防止风吹甩蔓。一般瓜后压两刀，瓜前压一至两刀。坐瓜部位前后两节不能压，否则影响发育。等前后秧子接上头后，利用卷须的相互缠绕起到固定蔓的作用，即可停止压蔓。

西瓜开花期间，弱瓜蔓徒长，雌花发育不良，要及时摘心，促进结瓜。

授粉及留瓜　西瓜自然条件下需要通过蜜蜂等昆虫作为媒介进行传粉，但自然条件下坐果率低，其原因：一是由于农药的大量使用，使昆虫数量减少；二是西瓜早熟栽培开花期提前，而当时的气温低且昆虫少。这就需要依靠人工辅助授粉来促进坐瓜。

西瓜花的开放与夜温有密切关系，夜温在 14℃时上午 9：00 开花，在 20℃以上时早上 5：00 就开花。夜温每增减 1℃，开花时间平均变动 30 分钟。西瓜为半日花，一般早晨开，午前就凋谢，因此一定要在早上授粉。人工授粉时要选择盛开的雄花，摘下花瓣、捏住花柄轻轻地在雌花的柱头上均匀抹几下，使柱头均匀沾上花粉。如果授粉偏向一侧，就可能影响果实发育而形成偏瓜。阴雨天花药易变色，花粉机能易衰退，这也是阴天易化瓜的一个原因。授粉后 2～3 小时，花粉管就会开始伸入花柱，第二天就可进入子房与胚珠结合受精。如果授粉后在 3 小时内下雨，柱头上的花粉就会丧失机能，或被雨水冲掉造成化瓜。近年来，许多大棚西瓜区瓜农采用蜜蜂授粉，或用0.1%氯吡脲200倍液处理瓜胎，坐瓜效果好且省工。

大棚西瓜一般主蔓第3雌花留瓜，但为提早上市也可在主蔓第2雌花留果，通常在第12～14片叶处。若主蔓上留不住，也可在侧蔓上留瓜。当坐果20天后，果实基本定形，以后每隔3～5天，可在晴天的下午顺着一个方向翻瓜，不可强扭，每次转出背阳面1/2即可，使果实受光均匀，瓜瓤充分成熟。采收前4～5天把瓜竖立起来，以利果实发育更趋圆形，外形美观。

（5）适时采收　可根据销售地点的不同适时调整采收时间。以国豫二号为例，瓤色转红快，七八成熟瓜瓤已非常红，作外销七八成熟即可采收；本地销售则需长到九成、十成熟（一般在授粉坐瓜后35天左右）上市。

（6）选留二茬瓜　大棚西瓜收获后多数瓜秧仍然完好，仍可在生长健壮的植株上留二茬瓜，增加经济效益。具体方法：在头茬瓜采收前10～15天，在生长健壮的侧蔓上选留1朵雌花坐瓜；若头茬瓜坐在侧蔓上，那么二茬瓜可在主蔓上选留；若采用三蔓整枝，则可在未坐果的另两条蔓上选留二茬瓜。二茬瓜的坐果部位要求不严格，只要能坐住果、果形周正就行。待二茬瓜坐稳后，追施一次速效化肥，亩施尿素10千克、硫酸钾15～20千克，并浇一次大水，促进二茬瓜生长发育。

为保证二茬瓜生产成功，头茬瓜管理过程中尽量不损伤叶蔓，并以防止植株早衰为中心环节：从头茬瓜膨大时，可每隔7天整株喷洒健植宝500倍液，或海生素500倍液，或0.3%豫艺磷酸二氢钾溶液一次，进行叶面补肥，发现植株有病虫害，及时采用合适的药剂防治。头茬瓜采收后，及时清除杂草及病叶、枯蔓，保持田间良好的通风透光，为二茬瓜的发育创造良好的条件。

146. 西瓜春露地栽培如何确定播种期？春播西瓜主要有几种栽培方法？

早春外界温度比较低，播期的选择应使西瓜能萌发出苗，苗期健壮生长不受低温的影响，并尽量使西瓜的生育高峰期和当地气候条件最适宜西瓜生长的季节相遇。一般定在当地终霜期过后，外界日平均气温稳定在15℃以上，5厘米地温稳定在15℃以上为露地安全播种期。华北地区播种期多在4月中下旬。春播西瓜栽培方法可分为直播和育苗两种。

(1) 直播

种子处理 首先按品种的特征、饱满程度等精选种子。西瓜种子种壳较硬，为了加快种子吸水，缩短发芽和出苗时间，一般采用温汤浸种方法。将种子放入温水（55～60℃）中浸泡15分钟，并不停搅拌，然后静置6～8小时，捞出，用清水洗干净后催芽。将种子用湿毛巾或纱布包住，置于28～30℃条件下催芽，保持毛巾或纱布湿润，1～2天后大部分西瓜种子露白时即可播种。

播种 露地栽培各地多用直播法。按已确定的株距沿播种畦中心线开挖播种穴，穴深3～4厘米，先浇水，待水完全渗入土壤后，将已催芽的种子放入穴底，注意将胚根向下摆放，每穴2～3粒，然后把穴外细土覆盖于种子上，覆土厚度2～3厘米为宜，切忌覆土过厚，以防出苗不整齐。覆土后轻轻压实，使种子与土壤充分接触，防止苗子"戴帽"出土，既可保墒又可增加地温。

(2) 育苗移栽 露地春播也可采用育苗移栽的方式。苗床设在温室或塑料大棚内，将幼苗养至3～4片真叶，苗龄25～30天即可定植。定植前一天，给苗床浇一次透水，以避免移栽时散坨伤根。定植时按预定的株行距挖好定植穴，穴深与营养钵高相同或使营养土块与畦面相平为宜，一般8～10厘米，穴内浇水，将幼苗从营养钵中倒出，将苗坨放入穴内，此过程应防止散坨，待水下渗后覆土掩盖。

西瓜种植密度与产量、果形的大小、品质有密切的关系。北方地区一般每亩可栽 650～800 株，早熟和生长弱的品种可适当密植，生长势强的大果品种可适当稀植。可以根据品种特性、土壤、整枝方式、管理水平及栽培目的来确定适宜的种植密度。

147. 西瓜春露地栽培如何进行苗期管理？

(1) 补苗　直播西瓜如果幼苗出土不齐、缺苗较多时，应及时补种。补种最好用催芽的种子，这样出苗快，苗龄相差不大。如果缺苗发生较晚而且数量不多，可在双苗穴内挖取一苗移栽到缺苗穴内。移栽前先浇透水，待水渗下后用瓜铲起苗，带土坨要大，以免伤根，影响成活。为补苗方便，最好播种时在行间空地多播一些，专供补苗之用。补苗时苗龄越小越好。

育苗移栽的瓜田，在西瓜幼苗的移栽过程中，如果营养钵破碎，很容易造成瓜苗死亡。当发现缺苗时，应将剩下的营养钵内健壮的瓜苗补栽上去，使补栽的瓜苗与大田苗龄相近。

(2) 间苗、定苗　直播瓜田每穴播种量较大，易造成相互拥挤、遮阴等现象，应及时疏除多余的弱苗、病苗。在第二片真叶展开后，进行第一次间苗，去弱留强，每穴留两株健壮的幼苗。幼苗长出第 4 片真叶时，进行第二次间苗，即定苗，每穴选留一株生长最好的幼苗。间苗、定苗时，最好用剪刀或手指除掉淘汰苗，若连根拔除，易伤及选留健苗的根系。在早春气候条件恶劣（如风沙大）、地下害虫危害较重的地方，可行多次间苗，如分3～4 次间苗，适当晚定苗。

(3) 中耕松土　在幼苗生长期间，为保持瓜根周围土壤疏松，应进行中耕松土，防止土壤板结。在黏土地上此项工作显得更为必要。中耕时结合锄草，一般中耕 2～3 次，到瓜蔓铺满畦后不再中耕。

（4）水分管理 为促进幼苗根系向深处发展和防止幼苗徒长，苗期应控制浇水，注意"蹲苗"，一般土壤不干不浇水，浇水量一次不能过多。是否缺水可以根据植株的表现来判断，在温度较高、日照较强的中午观察，子叶或幼苗先端的小叶向下并拢，叶色变深时，就是幼苗缺水的象征；而子叶略向下反卷，或幼苗瓜蔓远端向上翘起，则表示水分正常；如叶缘变黄，则表示水分过多。

148. 西瓜春露地栽培如何做好水肥管理和植株调整？

（1）合理浇水 西瓜对水分总的要求是空气干燥、土壤具有一定的湿度，在伸蔓期和果实膨大期需水较多，否则会影响果实的膨大，对果实的产量和品质均为不利。而开花坐果期间若水分太大，会导致化瓜和茎叶徒长。

在团棵期应注意浇足催蔓水；伸蔓期茎蔓植株需水量增加，浇水量应适当加大。露地大籽品种一般长势较旺，浇水过大易造成旺长，影响坐瓜，所以开花坐果期间控制浇水，促进坐瓜；当瓜长到鸡蛋大小时，浇膨瓜水，第一水不宜过大；果实接近碗口大小时，浇第二次膨瓜水，水量要充足。采收前 7～10 天停止灌溉，否则易降低含糖量、导致裂果现象、降低贮藏运输性能。早春为了防止降低地温，应在晴天上午浇小水。6 月上旬以后，气温较高，以早、晚浇水为宜。黏重土壤持水量大，浇水次数应少。沙质土壤持水量小，浇水次数应多。在中午看到叶子或生长点处的小叶向内并拢，叶色暗绿，即表示植株缺水。

（2）追肥 西瓜追肥的基本原则：轻施苗肥，先促后控，巧施伸蔓肥，坐住幼果后重施膨瓜肥。

提苗肥 在基肥不足或基肥的肥效还没有发挥出来时追施少量速效肥。一般每株施尿素 8～10 克（或硫铵 20 克），开沟施肥后封土，然后浇小水。亦可捅孔施肥，简便易行。

膨瓜肥 膨瓜期是西瓜一生需肥量最大的时期，此期追肥可促进幼瓜的膨大和保持植株的生长势。在幼果长至鸡蛋大小时，每亩施尿素 5～7.5 千克，硫酸钾 15 千克，或单追高钾型三元复合肥 15 千克。施肥时可在瓜蔓伸展一侧，距瓜根 40～50 厘米开沟追施，或者先撒施在高畦两侧排灌沟内，然后封土浇一次大水。结果后期进行叶面喷肥，采用 0.3％的磷酸二氢钾溶液，也可喷施 0.3％的尿素溶液。

(3) 整枝 整枝即对西瓜的秧蔓进行适当整理，留下主蔓一定数量的侧蔓，抹去多余的枝蔓，集中养分，保障正常发育。整枝方式因品种、种植密度和土壤肥力不同而分以下几种形式：

双蔓整枝 即保留主蔓和主蔓基部一条健壮侧蔓，其余侧蔓及早除去，将留下的主侧两蔓引向同一方向。这种整枝方式坐果率高，果实发育充分，是目前西瓜栽培中最常采用的一种整枝方式。

三蔓整枝 除保留主蔓外，在主蔓基部选留 2 条生长健壮的侧蔓，其余的侧蔓随时摘除。这种整枝方式坐果率高，单果重量大，适于大果型晚熟品种。

简约化种植 是保留主蔓及所有侧蔓的一种方法。在豫、鲁等干旱地区进行间作套种（如西瓜、花生）时运用较多，一般每亩栽西瓜 300～400 株，蔓长 30 厘米左右时压一次蔓，以后不再整枝和压蔓。由于西瓜卷须缠绕到花生植株上，不会造成风吹滚秧现象。这种方式较省工，瓜个大，但坐瓜稍晚。

149. "懒汉瓜"真的可以完全不用整枝打杈吗？

西瓜具有很强的分枝能力，在主蔓上可以分生出许多侧蔓

（又叫子蔓），在侧蔓上可再分生出副侧蔓（又叫孙蔓）。一般可分生 4～5 次侧蔓，形成庞大的地上部分。如果任其发展，必然造成茎叶杂乱、影响光合作用，消耗大量养分，瓜大小不一，而且还可能出现疯秧现象，影响正常开花结果。"懒汉瓜"只说明这些品种比较容易坐果，分枝力较弱，种植时相对长势强的品种来说管理上比较省事，并不是可以完全不用整枝打杈，不像有的公司宣传的那样："免整枝、免打杈，瓜个还多且大"。农户真正那样去种，果个大大小小不均匀，商品率低，一般都达不到理想的种植效果。在此，建议种植西瓜面积较大的农民朋友，即使选用"懒汉瓜"也要对植株进行必要的整枝打杈，使其在田间合理分布，改善通风透光条件，控制茎叶过旺生长，减少养分消耗，促进坐果和果实发育，争取获得较高产量和美满的收益。

150. 无籽西瓜中为什么会有种子？

无籽西瓜的主要性状是瓜内没有种子，但近两年，有的瓜农在种植过程中发现无籽西瓜的果实中白色秕籽多，或出现黑色空壳籽粒甚至个别种子的现象，对果实品质和市场销售都有一定的影响。从无籽西瓜育种理论分析，无籽瓜中产生种子的概率为 1/1 024，也就是说概率非常小。实际生产中无籽瓜果实内有白色秕籽或空壳籽粒，主要与以下几种因素有关：

（1）坐果节位近　无籽西瓜第 3 雌花前坐瓜，无籽性状差，易出现秕籽。

（2）膨瓜期温度低　无籽西瓜生长需要的环境温度比普通西瓜高，果实发育要求的温度更高，若膨瓜期温度低，果实发育不正常，经常会出现空壳籽粒和白色秕籽大而多的现象。早春大棚种植无籽西瓜时，这种现象最明显。

（3）磷肥施用过量　磷肥能促进白色秕籽的发育，应适当少施磷肥。

（4）与授粉品种有关　试验证明：以小籽粒品种授粉时的无籽瓜内白色秕子少且小；用大籽粒品种授粉时，着色秕子较多，白色秕子较大。

（5）采收过晚　无籽西瓜采收过晚，易出现白色秕籽长成着色空壳籽粒。

151. 造成西瓜果实生长不良的原因有哪些？如何应对？

生长正常的西瓜果实应该充分表现出该品种固有的优良特性，但由于某些外部自然因素、管理不当，或生理原因，往往会出现一些影响果实商品性的症状，如扁平瓜、空心瓜、歪瓜、黄带瓜、空洞果等，严重影响果实商品性，在此，将常见的果实生长不良现象归纳如下：

（1）扁平瓜　扁平瓜是由于果实横径生长速度快于纵径生长造成的。西瓜坐住后首先是进行纵向生长，然后再进行横向生长。早春播种的头茬西瓜，在果实发育前期，往往由于外界气温偏低，瓜的纵向发育速度缓慢，难以达到应有的发育程度，而在果实横向发育期间，温度条件已比较适宜，发育速度加快，从而形成横径大于纵径的扁平瓜。扁平瓜的瓜梗部或瓜蒂部多呈凹陷状，皮厚，瓜瓤有空心，品质较差。

预防方法：避免低节位坐瓜；保护地栽培，坐瓜前期设法提高或保持较高的气温；温度较低时应适当推迟留瓜节位，使结瓜期处于温度适宜范围内。

（2）空心瓜　西瓜生产上常见问题之一，西瓜内部形成空洞或裂缝，对西瓜品质、商品性、产量造成较大影响。

主要原因及预防方法：①坐瓜节位太近。第1雌花留瓜因坐瓜时温度低、叶面积小，同化物质供应不足，心室容积不能充分增大；以后温度升高，果实迅速膨大，容易导致空心。因此，应根据不同品种特性和植株长势确定合理的留瓜节位。②果实发育期低温寡照。西瓜开花坐果适宜温度为 25～30℃，坐果后果实进行细胞分裂，增加果实内的细胞数量，然后通过细胞膨大而使果实迅速膨大。如果此期温度太低、光照少，光合作用受到影响，营养物质严重不足，影响果实内细胞的分裂和细胞体积增大，不能填满果实内空间，瓜瓤生长速度因跟不上果实膨大的速度而形成空心。因此，在坐瓜时要注意增温保温，覆盖物早揭晚盖，使其光照充足。如果温度和光照条件得不到保证，可将坐瓜节位适当后移。③膨瓜期肥水供应不足。西瓜膨大期瓜瓤细胞的膨大需要大量水分，若此时肥水供应不足，细胞就得不到充实，细胞壁就会破裂，而相邻的细胞壁破裂后即形成一个空洞，许多小空洞相连就会形成较大的空洞。因此，坐瓜后要加强肥水管理；也可喷施健植宝、磷酸二氢钾等叶面肥，满足果实膨大对养分的需要。④瓜秧生长不良。在果实迅速膨大期瓜秧缺水缺肥，或遭受病虫危害而发生早衰、生长势弱，或瓜秧疯长，营养生长和生殖生长竞争养分，都会使瓜瓤发生空心。应加强田间管理，使瓜秧长势健壮，营养生长和生殖生长协调平衡。⑤过熟采收。西瓜在成熟前营养物质和水分不断向果实输送，成熟后如不及时采收，营养物质和水分就会从果实流出，出现"倒流"现象，果实会由于失去水分和养分而形成空心，所以对易发生空心的沙瓤品种要适当提早收获。

（3）**厚皮** 除个别与品种有关外，坐瓜部位距离瓜根部太近，特别是果实膨大期气温低等因素是造成厚皮的主要原因。

预防方法：①选用适宜品种。②合理留瓜，早熟品种选留9～11 节的瓜，早中熟品种选留 13～17 节的瓜，如坐瓜期气温尚低，可适当推迟节位留瓜。

（4）**裂瓜** 大部分从西瓜的花痕处产生裂瓜。引起裂瓜的主要原因是水分管理不当，主要有以下三种情况：①在西瓜褪毛后没能及时浇水，使果皮过紧老化，后期再浇大水时，常会引起裂果。②在西瓜果实膨大期内，浇水不均衡，久旱后忽浇大水，极易出现裂果。③当西瓜定个后，仍大水猛浇或雨后不注意排水，也易出现裂果。另外，施肥时氮肥多、钾肥少，瓜皮韧性差、坐果激素使用不当；果实遭受碰撞、挤压、虫害、鸟害等也容易发生裂瓜。

预防方法：①选择耐裂品种，如国豫二号、国豫三号、国豫七号、豫艺甜宝、新机遇、绿之秀、龙卷风等。②加强结果期水分管理，避免土壤水分的突然变化。西瓜褪毛后及时浇水，第一水的水量不宜过大，在整个结果期要保持水分均衡供应，切不可久旱后大水猛浇；薄皮西瓜品种定个后控制浇水或不浇水，并注意雨后排水。③西瓜品种间对激素的敏感程度不同，用激素处理幼瓜前要进行小面积试验。④选择下午采瓜，避免因上午瓜皮脆、瓜内膨压大而造成裂瓜；运瓜过程中轻拿轻放，避免人为磕碰造成裂瓜。

（5）歪瓜　歪瓜也叫偏头瓜，指果实偏向一侧膨大的西瓜。形成歪瓜的主要原因有三种：①整个瓜中的种子发育和分布不均匀，种子较多地分布在发育较好的一侧，这一侧果皮和瓜瓤的膨大速度也较快，而另一侧较慢，从而逐渐形成歪瓜。②生长过程中整个瓜表面的温度分布不均匀，温度高的部位发育快，温度低的部位发育较慢。③西瓜膨大过程中，局部瓜面受到机械损伤时，受损伤的一面生长缓慢，从而形成歪瓜。

预防方法：①采用人工辅助授粉，以弥补昆虫传粉不匀的缺点，使瓜内种子分布均匀，发育正常，确保果实发育周正。②及时翻瓜、垫瓜、竖瓜，以减少温度差异，使整个果实的温度经常保持均衡。③田间管理时避免碰伤幼瓜。

（6）葫芦瓜　瓜肩部没有发育起来，而中部和瓜蒂部位发育正常，形成一头大一头小的瓜形。这种畸形瓜是由于在坐瓜的前中期肥水供应不足，尤其是缺水；或植株发育不良、感病等；或是坐瓜过远，养分供应不上，果实催不开；或是植株生长过旺，养分都跑到秧上了，长出的是葫芦瓜。

预防方法：幼瓜坐住后（鸡蛋大小）及时浇第一次膨瓜水，并结合浇水施催瓜肥，以保证幼瓜正常发育。干旱地区，对肥水条件敏感的大果型品种在果实膨大期缺水时，最易出现此现象。要避免植株徒长疯秧，避免过远坐瓜。

（7）黄带瓜　果实纵切从花痕部到果柄部的维管束成为发达的纤维质带，通常呈黄白色，因此叫黄带瓜。西瓜膨大初期，从瓜顶部的梗到底部的花痕着生着许多白黄色带状纤维，这些粗纤维在西瓜膨大初期很发达，随着瓜的成熟而逐渐消失。但有的瓜进入成熟期后，粗纤维仍没有消失而残留下来，形成黄带瓜。在高温、干旱年份，因水分供应不足而造成植株对钙、硼的吸收受阻，黄带瓜就多。嫁接砧木与接穗共生性不好的情况下，果肉也易形成黄带。

预防方法：①合理浇水施肥，防止出现粗蔓症及旺长。②地面铺盖秸秆，减少土壤水分蒸发，促进对钙、硼的吸收。③选共生、亲和性好的砧木嫁接。

（8）瓜不甜　瓜不甜的主要原因多是由于肥料配比不当所致，如氮肥用量过多、磷钾肥不足等。因此，要合理施肥，忌偏施氮肥。另外，成熟时气温低、光照差或雨水过大等情况都会影响瓜的甜度。

增甜方法：①定植时建议每穴施 5～10 粒煮熟的黄豆，发酵后相当于优质饼肥。②膨瓜期适当增施钾肥，西瓜成熟前 5～7 天不浇水。③从坐果开始每 5～7 天叶面喷一次 0.3% 磷酸二氢钾溶液或氨基酸类液肥。

（9）肉质劣变果　西瓜瓤肉质变色，果肉种子周围呈水渍状红紫色，俗称阴瓤瓜，pH 高，吃起来辣舌头。软瓤西瓜品种成熟期水分过多、温度过高、结果部位离根太近或过度成熟等条件下易发生阴瓤现象，种植此类品种时要提前采收，并严禁成熟期浇水。此外，生理障碍和病害也会引起肉质变劣。当发育期间，遇到高温干旱、土壤积水，蔓叶过少，光照不足，或土壤 pH 波动较大时，都容易造成代谢失调，代谢过程中的有害物质积累在果实中，引起异常呼吸而使瓜瓤肉质变劣；当果实发育中后期发生缘斑病毒病时，可使瓜瓤软化，甚至产生异味。此外绵腐病、疫病、日灼病等均可致使西瓜瓤变质，失去食用价值。

预防方法：①做好田间排水，保持适当的土壤水分。②夏季高温时，将瓜蔓盘起盖瓜，或用草盖瓜，避免受阳光暴晒果实。③做好病害预防工作。

(10) 果实日灼病 多发生在果实发育后期，因植株叶片衰败，果实裸露，在高温、强光下果实局部温度急剧升高，水分迅速蒸发，致使果实向阳面果皮褪色或出现日灼病斑，重者果肉恶变，不堪食用。一般果皮颜色较深或分枝少、叶稀、叶小的品种更易发生日灼病。

预防方法：对长势弱的品种，生长前中期合理使用氮肥，促进营养生长；果实发育后期，及时用杂草或西瓜蔓叶盖瓜。

152. 西瓜常见病虫害有哪些？如何防治？

(1) 幼苗猝倒病

症状：多发生在幼苗子叶期，是苗期的主要病害。幼苗出土后，真叶尚未展开前，遭病菌侵染后，茎基部出现水渍状暗褐色病斑，继而绕茎扩展，逐渐缢缩呈线状，秧苗地上部因失去支撑能力而突然倒伏死亡。

发病原因：苗床低温高湿、光照弱、幼苗细弱、通风不良均易发病。

防治措施：①选地势较高、排水良好的地块作苗床，每立方米营养土中加入蜡质芽孢杆菌 200 克消毒。②加强苗床管理，做好保温、通风工作，不要在阴雨天浇水，保持苗床不干不湿。③药剂防治。发现病苗及时用 20% 恶霉灵、72.2% 霜霉威 1 500 倍液或"露速净＋万帅一号"600 倍液喷洒，并选晴天上午无露水时向苗床筛药土（用苗菌敌 20 克掺细干土 15 千克配成），防治效果较好。

（2）枯萎病

症状：在西瓜老产区及连作地易发生。发病时白天凋萎，早晚恢复，经 4～5 天后死亡，植株基部皮层纵裂，潮湿时茎基部呈水渍状腐烂，有霉状物，并流出胶质，纵切病茎维管束变黄褐色，为病菌浸染维管束所致，这是老瓜区西瓜的主要病害之一。

发病原因：酸性土壤、连作地块、地势低洼、大水漫灌、排水不良、氮肥过量、有机肥不足、植株长势弱都会加重该病的发生。

防治措施：①实行 5 年轮作，清洁田园，发现病株及时拔除烧毁。②选用抗病品种，如龙卷风、绿之秀、精品花冠 908、豫艺 360 等；或采用豫艺金砧、V90 等南瓜砧木嫁接栽培，预防该病的发生。③种子消毒，用 40％甲醛 150 倍液浸种 30 分钟。④合理施肥，氮、磷、钾三元素配合施用，增施充分腐熟的有机肥，施用石灰改良酸性土壤。⑤药剂防治：用瓜枯宁、蜡质芽孢杆菌等拌成药土定植前穴施；或在发病初期用上述药剂（或 20％恶霉灵）与生根剂配成药液灌根，3～5 天一次，连用 2～3 次，对发病植株有较好的治疗效果。

（3）炭疽病

症状：发病初期在茎、叶表面形成稍凹陷的水渍状圆形淡黄色斑点，后变褐变黑，出现同心轮纹，干燥时病斑易破碎穿孔，潮湿时生粉红色黏稠物，瓜蔓上病斑扩大绕茎后全株枯死。果实染病，病斑多发生在暗绿色条纹上，呈水渍状凹陷形褐斑，凹陷处常龟裂，湿度大时病部产生粉红色黏质物，也会侵染贮藏期间的果实。

发病原因：地势低洼、排水不良，或氮肥过多、通风不良、重茬地发病重。

防治方法：①种子消毒，用 50％多菌灵 500 倍液浸种 1 小时，可杀死种子表面炭疽病病菌。②加强田间管理：实行轮作，深沟高垄有利排水；增施磷钾肥，提高植株抗病性，及时整枝打权，保证田间通风透光良好；③药剂防治：每隔 5～7 天用"好意＋健植宝"500 倍液，或 70%多保净 600 倍液喷洒西瓜叶片正反面及果实，是预防该病的一个绝招；发病初期及时用 32.5% 美西达（苯甲·嘧菌酯）、10%世泽（苯醚甲环唑）或 30%世爱（苯甲·丙环唑）防治。

（4）蔓枯病　又称斑点病，危害西瓜叶、茎和果实，尤以叶片受害最重。

症状：叶片受害最初病斑为褐色小斑点，逐渐发展成直径 1～2 厘米的病斑，呈近圆形或不规则圆形，其上有不明显的同心轮纹，病斑上生黑色小点状物，区别于炭疽病。茎蔓受害初生水渍状病斑，中央变褐枯死，以后褐色部分呈星状干裂，内部成木栓化干腐。与枯萎病不同的是该病程发展较慢，常有部分基部叶片枯死，而全株不枯死，维管束不变色。

发病原因：高温多湿、通风不良的地块易发病。

防治方法：发病初期用 32.5%美西达、70%多保净、75% 圣克百菌清、25%拢总好等药剂 500 倍液喷洒，5～6 天一次，连用 2～3 次，或用多保净、圣克百菌清与面粉调成稀糊状，涂抹于茎部病斑，防治效果较好。

（5）疫病

症状：侵害幼苗、叶、茎和果实。危害幼株时茎基变色，叶凋萎，全株青枯而死。靠叶柄的茎节常水渍状软化；叶片受害先呈暗绿色水渍状圆形至不规则形病斑，湿度大时似开水烫状，干燥时易破碎。茎基部受害初生暗绿色纺锤状水渍状斑，后腐烂，病部以上枯死。果实染病，果面现不规则形暗绿色水渍状凹陷斑，湿度大时迅速扩展到大半个果实，表面生稀疏白霉。

发病原因：多雨潮湿及积水条件下发病严重。

防治方法：①田间管理同炭疽病。②药剂防治。用可鲁巴、露速净、兴农妥冻 500 倍液、80%烯酰吗啉 1 000 倍液，每隔 5～7 天整株喷洒一次。

（6）**病毒病** 又称小叶病、花叶病，顶部叶面出现黄绿相间的花斑，呈花叶状，生长点节间短。病重植株新叶皱缩扭曲，叶小，有硬脆感，呈抬头状，病株生长缓慢至停止，不能坐瓜。病毒主要由蚜虫和红蜘蛛传播。

发病原因：高温、干旱、强光有利于病毒病发生；植株缺肥，生长势弱，蚜虫多，则发病严重。

防治方法：①用10％磷酸三钠溶液浸种20分钟进行种子消毒。②黄淮流域每年5月底6月初小麦收获期，要重点防治小麦上的蚜虫、红蜘蛛，减少其向西瓜、蔬菜迁飞传毒。③提前10～15天用健植宝500倍液＋锌肥喷施叶面2次，可减少或预防病毒病的大面积发生。④发病初期，用"康润二号2片＋万帅一号30克＋健植宝30毫升"或"阡毒令30克＋0.004％芸薹素内酯10毫升＋海生素20毫升"兑水15千克，隔4～5天整株喷洒一次，连用3次，效果很好。

（7）**白粉病**

症状：发病初期叶片上出现圆形、白色小粉点，后扩大为白色粉斑，条件适宜时病斑连成片，整个叶面上像撒了一层面粉。

发病原因：高温干燥易发病。种植过密、通风透光不良，氮肥过多，土壤缺水或灌溉不及时，病情重。

防治方法：用君斗士、粉飞1＋1、圣克百菌清、世泽、惠生等药剂防治。

（8）**细菌性角斑病**

症状：叶片染病初呈水渍状病斑，渐变为淡褐色，潮湿时病斑上溢出白色菌脓，干枯时病斑脆裂穿孔。果实染病呈水渍状凹陷斑，后形成溃疡或开裂，内部组织腐烂。

发病原因：一般低温、高湿、重茬的温室、大棚发病重。

防治方法：用华北农用链霉素、溴硝醇、净果精等杀菌剂防治。

（9）**主要虫害及其防治** ①幼苗出土前，应重点防治蝼蛄、蛴螬、地蛆，可用敌百虫拌炒熟的麦麸制成毒饵（敌百虫：水：

饵料＝1：5：300）撒在播种床面上诱杀蝼蛄和蛴螬；配制营养土时用辛硫磷、敌百虫对有机肥进行杀虫灭卵，防治地蛆效果好。②黄守瓜主要在幼苗期及营养生长期间危害，蚕食叶片，用惠光杀虫素、惠速灵等药剂防治。③小地老虎在初春危害幼苗，常在夜间咬断嫩茎造成缺苗，可在早春傍晚用敌百虫或毒丝本拌菜叶或青草诱杀。④用阵风吡虫啉、惠速灵防治蚜虫，用惠光杀虫素、哒螨灵防治红蜘蛛。

153. 黄淮海地区番茄周年生产茬口如何安排？

黄淮海地区主要指以淮河以北、海河以南地区，主要指河南省、河北省南部、山东省南部、江苏省和安徽省北部地区。这是我国主要蔬菜生产区域，设施结构类型多，年栽培茬次丰富，大多果菜类蔬菜利用不同设施实现了周年生产。经过多年的生产实践，总结整理了番茄周年生产茬次安排表（表8）。

表8　番茄同年生产茬次安排表

茬次	栽培设施	播种期（旬/月）	定植期（旬/月）	密度（株/亩）	始收期（旬/月）	终收期（旬/月）	亩产量（千克/亩）	备注
越冬茬	日光温室	中下/8	中下/9	2 500	上中/12	上中/6	10 000以上	
冬春茬	日光温室	中下/11	中下/1	3 000	上中/3	上中/8	7 500	
春提前	塑料大棚	上中/11	上中/3	4 000	上中/5	上中/7	6 000	温室育苗
早春茬	塑料小棚	上中/12	中下/3	4 500	中/5	中下/6	4 500	温室育苗

（续）

茬次	栽培设施	播种期（旬/月）	定植期（旬/月）	密度（株/亩）	始收期（旬/月）	终收期（旬/月）	亩产量（千克/亩）	备注
春茬（早）	露地	上/2	上中/4	4 500	上/6	上/7	4 000	大棚育苗
春茬（晚）	露地	上/2	上中/4	3 000	中/6	上中/8	5 000	大棚育苗
夏茬	露地	上/4	上中/6	4 000	中下/8	上/10	4 000	
秋茬	露地	上/6	上中/7	4 500	上/9	中下/10	3 500	早熟品种
秋延后	塑料大棚	上/7	上中/8	4 500	上/10	中下/11	3 500	遮阴育苗、抗 TY 品种
秋冬茬	日光温室	中/下 7	中下/8	3 000	上/11	中下/1	6 000	遮阴育苗、抗 TY 品种

154. 特色番茄品种有哪些？各品种有哪些特性？

（1）**粉都 28**（河南豫艺种业） 品种优势：①具有早熟、大果、高产的特性，果大而硬，颜色特别粉亮，单果重 230～280 克，耐贮运。②无限生长，长势健壮，节间短，科学管理下对 TY 病毒、根线虫、灰叶斑、细菌性叶斑均有一定的抗性。③适于日光温室、早春或晚秋大棚、以及早春露地种植，也适于北方或高海拔区域越夏种植。

（2）**粉都 53**（河南豫艺种业） 品种优势：①无限生长型粉红果番茄品种，耐低温性好，早春种植第一穗果基本无畸形。②果形圆整，果面光滑，果个大且均匀，平均单果重 250 克左

右，果色亮度好，精品果率高，也是
该品种一个突出优势。③连续坐果能
力强，膨果快，产量高，厚皮硬肉，
耐贮运。④植株生长健壮，对叶霉病、
病毒病有较好的抗性。⑤适宜秋冬茬
温室、春大棚、早春小拱棚及南方适
宜季节栽培，尤其适合秋冬茬温室及
早春大棚栽培。

　　（3）青春之歌（河南豫艺种业）
品种特性：①无限生长型高档小番
茄，生长势强，坐果能力特强，大
果穗，硕果累累，果圆珠形黄亮美
观，单果重 18 克左右，韧性好，保
鲜期长。②抗性好、硬度好、品质
好、产量高。③适宜北方保护地、
早春露地及高海拔区域、福建海南
等南方区域适宜季节栽培。

　　（4）巧克力小番茄（河南豫艺种
业）　品种特性：①长势健壮，无限
生长，叶片绿而厚；类似巧克力颜
色的优质小番茄，果实棕红色，有
隐形条斑，非常新颖有特点。②果
肉花青素含量高，花青素具有很好
的抗氧化功能，同时，合适的成熟

度时糖酸比适宜，含糖量高可达 10°左右，风味非常浓郁，
属于优质保健型番茄。③抗 Ty1 和 Tmv，果穗较大，合理的
管理下每穗可结果 10～28 个，单果 15 克左右，果实硬韧性
好，不易裂果。

（5）卷珠帘番茄（河南豫艺种业）　品种特性：①无限生长型，生长健壮。②长果穗，产量高，短椭圆形或高圆形。③单果重15克左右，糖度高，可达8°～10°，果实韧性较好，不易裂果。

155. 番茄坐不住果或者第一穗果少的原因是什么？

症状： 有的番茄第一穗果只能点住少量果，或者是有的花芽分化不完全，有的花只分化了萼片而没有分化好花的雌蕊雄蕊及花粉等，有的花可能颜色偏黄或偏白，也有的花不经点花便出现落花的情况。

主要原因： ①营养生长过盛。植株长势旺，叶片较大，拔节较长，茎秆有粗有细。②温度影响花芽分化。温度是影响茄果类花芽分化的主要因素，不仅影响到花芽分化的时期，同时也影响开花的数量及质量，从而影响果实的数量及质量。番茄营养生长适宜的温度在20～25℃，但较低的温度（尤其是较低的夜温15～20℃），花芽分化早些，每一花序着生的花数往往较多，第一花序着生节位较低。如果花芽分化期的温度低于13℃或高于30℃就会造成花芽过度分化，形成畸形花。早期分化的第一及第二序花序，平均每一花序的花朵数较多；而具有多心皮所谓畸形果也较多；而后期分化的每一花序的花数往往较少。畸形花也较少，这和花芽分化期间的低温有密切的关系。不论是花芽分化还是开花结实的适宜温度，都要求夜温比日温低些（低5～10℃），日温最好是 20～25℃，夜温最好是 15～20℃，如果比这个范围更高或更低，花芽分化都会延迟，每一花序的花数较少，花亦较小，容易脱落。但是如果夜温比日温还要高的时候，对番茄花及结果都不利。试验表明，当日温为 25℃ 时，而夜温为 30℃ 的时候，番茄花芽分化就会延迟，每一花序的花数较少。温度的高低，不仅影响花芽分化的迟早，而且影响到花的形态建成。③土水肥因素影响。番茄育苗期间，苗床的土壤透气性好，保肥及保水力强，土壤中氧气及水分供应良好，幼苗粗壮，花芽分化较早。施肥水平对番茄的花芽分化有很大的影响，施用氮肥及磷肥，幼苗含较高的碳水化合物，特别是全糖及氮化合物，会形成较多的花芽。水分的多少，直接影响到植株的生长。灌水过多，苗的生长过旺，其花芽分化反比灌水中等的少些。反之，如果灌水过少，土壤干燥，植株生长纤弱，花芽分化延迟，开花数也显著减少，而且开花期也延迟。

防治方法：①科学管理苗期温度。番茄幼苗进入花芽分化期（2 片真叶左右），保持苗床温度白天 20～25℃、夜间 12～17℃、昼夜温差 8～10℃ 为宜，防止温度过高或过低，影响第一穗果花芽的分化。②定植后控制温度。番茄第一穗果时期，根据植株的长势，适当控制或保持晚上的温度，保持一定的温差，使秧苗既不能徒长，又要保持长势。白天温度一般在 25～28℃，夜间温度 12℃。同时根据天气情况，适当加大通风量，促进棚室内气体交换，增加番茄养分的积累。③合理浇水施肥。番茄第一穗果开花坐果前要适当控制水分，第一穗果进入膨果期时，随浇水进行一次追肥，能起到加速第一穗果膨大，提高第二、三穗果的结果率和促进植株营养生长的三重作用。

156. 番茄为什么会落花落果？如何防治？

主要原因：①低温（夜温长时间低于 10℃）或高温（棚内

昼温高于 34℃，夜温高于 20℃）影响了花芽的正常发育，影响受精。②土壤养分不足，地温低，干旱根系发育差。③整枝打杈不及时，夜温高，营养物质消耗多。④肥水管理不当，氮肥过多，水分不足。⑤光照不足或栽培过密（连阴天气、密度过大不透光）。⑥不正确施用激素或农药等都会引起落花。

防治方法：①培育壮苗，合理密植。②低温时大棚番茄必须使用生长调节剂保花保果（坐果灵 30～50 毫克/升或防落素 30～40 毫克/升药液喷花）。③高温时多通风，伏茬时用遮阳网降温。

使用生长调节剂注意事项：①配制药液时不要用金属容器。②溶液最好是当天用当天配，剩下的药液放在阴凉处密闭保存。③配药时严格注意浓度，过低效果差，过高易产生裂果畸形果。④蘸花时应避免重复处理。⑤药液应避免碰到植株上（尤其嫩枝嫩叶），否则易产生药害。坐果激素处理花序的时期最好是花朵半开或全开时期。从开花前 3 天到开花后 3 天内激素处理均有效果，过早过晚处理效果都降低。

157. 番茄常见的生理性病害有哪些？如何防治？

（1）落花落果（见 156 问）

（2）早封顶 发病原因一般有：①高温（高于 36℃）或低温（低于 10℃）会导致早封顶。②农药、激素及一些叶面肥。用法用量不当，使植株顶端生长点受害，从而导致自封顶。③虫类如蓟马、黄跳甲等危害顶端。④芽枯病危害。⑤过度干旱。对于过早自封顶植株要及时选留侧枝，进行变杆换头。有经验技术水平好的菜农，应有根据田间蔬菜生长情况，采取不同管理措施进行随机应对。

（3）空洞果 花芽发育过程中，由于日照过弱、棚温过低、果实中后期营养不足、开花期花果受坐果激素影响等成为空洞果；心室数目少的品种易发生空洞果，心室数目多的不易发生空洞果。

防治方法：①创造光照条件，提高棚温，正常天气白天 20～27℃，夜温 14～17℃，避免 12℃以下低温持续出现，连阴天气棚温白天不低于 18℃，夜间不低于 8℃，白天接受光照和散光照不短于 6 小时。②正确使用植物激素，受粉后喷施 10～15 毫克/升的防落素或 30～40 毫克/升坐果灵，可收到防落花落果和促进幼果膨大之效。③肥水充足，增施有机肥，多补钾肥和钙肥。

（4）番茄裂果　具体内容见 158 问。

（5）番茄脐腐病　又称顶腐病、蒂腐病、黑膏药病，只发生在果实上，幼果成果都会发生。一般认为是由于水分供应失调和土壤缺钙所致，番茄含钙量高，叶片中含量一般为 6％，茎中27.8％，根系 5％，其余均被果实占有。

防治方法：①增施有机肥、钾肥、钙肥（如高钾钙复合肥）。②勤浇水并均匀供水。③可叶面喷施 0.1％～0.3％的氯化钙和硝酸钙溶液，每 3 天喷一次。

（6）番茄生长点坏死叶生黄化　一般由植株缺钙引起。

防治方法：参考（5）番茄脐腐病防治方法。

（7）番茄筋腐病　主要危害果实，表现在果实膨大转色期，病果的果皮果肉硬化。发病原因一般有：①偏施氮肥，钾肥少，植株缺钾。②施用有机肥未腐熟，速效钾肥含量低。③灌水过量或土壤板结，妨碍根对速效微量元素的吸收。④光照弱和光照时间不足，光合产物积累少，株体缺少糖分，维管束木质化。

防治方法：①实行 3 年以上轮作尤其与非茄科作物轮作。②施有机肥充分发酵腐熟，施速效肥时氮磷钾养分含量比 2∶1∶1。③适时揭盖草苫，改善光照条件，调好棚内温度，使昼温20～

28℃，最高不高于 30℃；夜温 13～18℃，最低不低于 10℃。④喷0.1%磷酸二氢钾、0.2%蔗糖溶液，提高品质。

（8）番茄 2，4 - D 药害 2，4 - D 药害主要表现在果实上，果实顶端出现乳突，俗称"桃形果"或"尖头果"。叶片受害表现为叶片向下弯曲，叶缘扭曲畸形。受害茎凸起，颜色变浅。生产中，浓度偏高，涂抹花梗后，在涂抹处会出现褪绿斑痕，即通常所说的"烧花"，这些花大多会过早脱落。

发病原因：一般有三种：①2，4 - D 浓度过高。②重复抹花。③不管什么时期均采用相同的浓度，而不是随着温度的升高而相应降低浓度。叶片、茎蔓产生药害，是由于 2，4 - D 直接蘸、滴到嫩枝或嫩叶上所致。

防治方法：①适宜浓度。适宜的 2，4 - D 浓度为 10～15 毫克/升。随着气温增高，降低浓度。高温季节采用浓度低限，低温季节采用浓度高限。以日光温室冬春茬番茄为例，通常第一花序使用的 2，4 - D 浓度是 15 毫克/升，第二花序是 12 毫克/升，第三花序是 10 毫克/升。目前市场上销售的农用 2，4 - D 主要经过处理后的低浓度小瓶装的药液，使用时只需按说明的对水量对水即可。粉状 2，4 - D 未经过处理，不溶于水，并且浓度较高，普通菜农不宜选用。②采用涂花梗法和蘸花法处理。采用涂抹花梗的处理方法时，先在配好的药液中加入少量红色（或其他颜色）的颜料做标记，然后用毛笔蘸药，在花柄的弯节处轻轻涂抹一层 2，4 - D 药液，也可涂抹在花朵的柱头上。这种方法要一朵一朵地涂抹，比较费工，同一花穗内的果实生长不整齐，第一个果很大，以后依次减少，成熟期不一致。蘸花法是开放的花轻轻按入 2，4 - D 药液中，让整个花朵均匀地蘸上 2，4 - D 药液。这种方法处理后容易引起果实尖顶，形成桃形果，此法多在劳力不足的情况下采用，效果不如涂抹花梗法。为防止 2，4 - D 液滴到嫩枝或嫩叶上，严禁用 2，4 - D 喷花。重复处理同一朵花，会因花上的 2，4 - D 药量过大而发生"烧花"。③适宜的处理时期，即花开放前后各 1 天。对当天开的花也要注意，处理早了易形成僵果，处理晚易形成裂果。④用微型喷雾器直接向花序上喷洒安全的保花保果剂，如番茄灵（防落素），浓度 25～50 毫克/升，低温时用 40～50 毫克/升，高温时用 25～30 毫克/升。

（9）番茄乙烯利药害　乙烯利有极好的催熟作用，能促进番茄红素产生，但使用过量，乙烯利溶液浓度过高，或虽然浓度适宜但单果附着药液过多，均会发生药害。

防治方法：①株上涂果催红。即当果实长到足够大小，颜色由绿转白时，用 800～1 000 毫克/升的乙烯利直接涂抹植株上的果实，乙烯利应涂在萼片与果实的连接处，4～5 天后即可大量转色。②采后浸果催红。方法是选择转色期（果顶泛白）的番茄果实，从离层处摘下，用 2 000～3 000 毫克/升的乙烯利浸果 1 分钟，取出后沥去水分，放置在 20～25℃环境下，其上覆盖塑料薄膜，3 天即可转色，可比正常生长者提前 1 周转红。③生长后期全株喷药催红。方法是在植株生长后期采收至上层果实时，可全株喷洒 800～1 000 毫克/升的乙烯利，既可促进果实转红，也兼顾了茎叶生长。在采收最后一批果实前，用 4 000 毫克/升的乙烯利全田整株喷洒，可加快成熟，提高产量，不考虑植株死活，因为采收后就拉秧。株上涂果催红时最容易产生药害，应注意以下问题：其一，催红不宜过早，果色发白时催红效果最好，否则，易形成着色不均的僵果。其二，催红果实的数量一次不宜太多。单株催红的果实一般以每次 1～2 果为好。否则易产生药害。应采取分期分批催红，陆续采收上市的办法。其三，避免药液沾染叶片。要认真操作，可用小块海绵，吸取药液，涂抹果实的表面。也可在手上套棉纱手套，浸取药液擦抹果面（注意戴棉纱手套前，手上要先戴塑料手套，因为乙烯利为酸性物质，对皮肤有轻度的腐蚀作用）。无论采用哪种方式，都不能让药液污染叶片，否则叶片发黄。采收后催红的处理方法对温度要求严格，温度低于 15℃，转色速度慢，高于 35℃ 果色发黄，不鲜艳。

158. 番茄裂果的原因是什么？如何防治？

番茄裂果是露地、夏秋季大棚等保护地番茄比较常见的生理性病害。

症状及发病原因：常见的有以下三种类型：①放射状纹裂果。以果蒂为中心，向果肩延伸，呈放射状深裂，可从果实绿熟期开始，果蒂附近产生细微的条纹开裂，转色前 2～3 天裂痕明显。主要原因：受环境影响，高温、干旱、强光等因素使果蒂附近的果面产生木柱层，果实的糖分浓度增高，当久旱突然浇水或大雨，植株迅速吸水，使果肉细胞迅速膨大，将果皮胀裂。②同心圆状纹裂果。以果蒂为圆心，呈环状浅裂，在附近果面上发生同心圆状断断续续的微细裂纹，严重时呈环状开裂，多在果实成熟前出现。主要原因：由于果皮木栓化（老化），植株吸水后，果肉细胞膨大，木栓化的果皮不能同时与果肉细胞膨大，果肉会将果皮涨破，从而形成同心轮纹。③混合纹状裂果。放射状纹裂和同心圆状纹裂同时出现，混合发生，或开裂成不规则形裂口的果实。主要原因：是放射状纹裂果和同心圆状纹裂果的一种或多种共同作用造成的。此外，正常的接近成熟的果实，虽然果皮未老化，在遇到大雨或浇大水后，果内水分变化过于剧烈，果皮也会开裂，形成混合状纹裂果。也有人认为，夏季高温或延秋低温均会影响番茄对钙、硼元素的吸收，是裂果的主要病因。钙吸收后与番茄植株体内的草酸结合形成草酸钙，若钙吸收少，则草酸多会损害心叶和花芽，导致裂果。

防治措施：①选择抗裂、枝叶繁茂的品种。一般果型大而圆、果皮木栓层厚的品种，比中小型品种、高桩型果、木栓层薄的品种更易裂果。②加强田间栽培管理。首先，耕作时，深翻土壤，增施有机肥、磷钾肥，创造良好的根系生长条件，提高植株的抗逆能力，从而增强果实的抗裂能力。其次，科学合理灌溉，避免水分忽干忽湿，尤其是防止久旱后浇水过多。土壤湿度以80%为宜。露地栽培时，平时多浇水，避免土壤下雨时土壤湿度剧烈变化，雨后及时排水。同样，秋延后大棚番茄在温度急剧下降时，更要注意土壤湿度变化过快。再次，补充钙肥和硼肥，调节土壤中各种营养元素的比例，氮肥和钾肥不可过多，否则会直接影响番茄根系对钙的吸收和利用。在干旱下，钙的吸收也会受到影响，因此，要浇水要均匀。③环境调控。大棚、日光温室等保护地栽培时做好增温、保温的措施，并加强通风透气，降低空气湿度，缩短果面结露时间。进入冬季，气温开始下降时每天下午4：30左右趁气温还高时及时放膜保温。注意防止果皮老化、阳光直射果肩，尤其是露地栽培。在选留花序和整枝时，要安排在支架的内侧，靠自身叶片遮光。还有，打顶时，最后一个果穗的上面要留2片叶。④药剂防治。喷洒85%的比久（B9）水剂2 000～3 000毫克/升、96%硫酸铜1 000倍液、0.1%硫酸锌、1%氯化钙，加0.1%硼砂，10～15天一次，连喷2～3次。⑤及时采收。

159. 番茄出现畸形果的原因是什么？如何防治？

症状：果实表现奇形怪状，如尖顶、多棱和盘形。

发病原因：①生长期长期在低温、多氮肥、多水分等条件下，易形成多心室畸形果。②幼苗期（2～8叶花芽分化期）温度较长期低于12℃或高于35℃将导致花芽分化不良，也会产生畸形果。③在较高温度（温度高于34℃）或温度忽高忽低的情况下，施用植物激素也易导致畸形果。

防治方法：①选用抗畸形品种，如金粉101等。②培育壮苗，冬季或早春育苗，二叶一心分苗后花芽分化期遇到低温、多肥等条件，极易导致果实顶裂畸形现象，特别要注意苗期保温工作，使夜温不低于 12℃。③合理使用植物生长调节剂。

160. 番茄着色不良的原因有哪些？

一是棚内温度过高。番茄果实着色的过程是叶绿素分解和茄红素、类胡萝卜素形成的过程。当棚内温度过高或过低时，都会抑制茄红素的形成。一般来说，当棚内温度高于 30℃时，就会影响茄红素的形成。而调查发现，若前期连阴天较多，一般菜农会撤掉遮阳网，导致棚内温度在 40℃以上，而长时间的高温势必会导致番茄着色不良，因此建议菜农不撤或重新覆盖遮阳网，以确保棚内温度适合番茄正常生长。

二是光照过强。调查发现，只要是果实被叶片遮住的部分或背阴部分，番茄普遍着色较好，而完全暴露在阳光下的或向阳面的果实颜色发黄。这样的现象解释了光照过强会抑制茄红素的形成，导致果实着色不良。对此建议，在晴天应注意遮阳网的使用，并尽量加大放风口。另外摘叶不可过度，可用叶片遮挡果实，避免光照过强造成着色不良。

三是氮肥使用过多、钾肥使用不足。氮素过多，番茄容易出现绿肩现象；而钾肥不足时容易出现黄绿色果肩。因此在膨果期应注意增施钾肥，同时应减少氮肥的用量。

161. 番茄有哪些常见的病害？如何防治？

(1) 番茄晚疫病

症状：真菌性病害，受病处产生的白色霉层就是病菌产生的孢囊梗和孢子囊。主要危害叶、茎和果实。叶片上病斑多从叶尖或叶缘开始发病，形成暗绿色，水渍状不规则形的病斑，后扩展为褐色且边缘不明显的大斑，潮湿时病斑上长出有白色霉状物。茎上病斑暗绿色，条状稍陷，边缘霜状霉层较明显。果实主要危害青果的近果柄处，病斑呈灰绿色云状硬块，边缘不明显，潮湿时亦长有稀疏白色霉状物。初次侵染来自田间马铃薯病株，借气流把马铃薯植株上产生的孢子传播到番茄上，在番茄上产生孢子囊进行再侵染。

发病原因：田间温度不超过 24℃、夜间不低于 10℃、早晚有雾、露重，或连阴雨、相对湿度在 75％以上，晚疫病常发生较重。地势低注、排水不良或植株生长过密，有利于晚疫病的发生危害。

防治措施：①加强田间管理，深沟高厢，及时整枝打杈，注意通风透光，降低田间湿度。②发现田间有中心病株时及时拔除，并清理病叶病果，对周围植株进行施药防止蔓延。③不与马铃薯连作，远离马铃薯种植区。④及时喷药，药剂可用 0.3％波尔多液、75％百菌清 700 倍液、50％甲基硫菌灵 1 000 倍液、50％多菌灵 1 000 倍液等，每隔 10 天左右喷一次，连喷 2～3 次。

（2）番茄早疫病

症状：不论发生在果实、叶片或主茎上的病斑，都有明显的轮纹，所以又被称作轮纹病。果实病斑常在果蒂附近，茎部病斑常在分杈处，叶部病斑发生在叶肉上。

发病原因：初夏季节，如果多雨、多雾，分生孢子就形成的快而且多，病害就很易流行。除去温、湿度条件外，发病与寄主生育期关系也很密切。当植株进入 1～3 穗果膨大期时，在下部和中下部较老的叶片上开始发病，并发展迅速，然后随着叶片的向上逐渐老化而向上扩展，大量病斑和病原都存在于下部、中下部和中部植株上。当然，肥力差、管理粗放的地块发病更重。另外土质黏重和土质沙性强的地块发病重。

防治措施：①品种的选择。一般早熟品种、窄叶品种发病偏轻，高棵、大秧、大叶品种发病偏重。②注意轮作。鉴于病原有一年以上的存活期，所以要注意轮作。一般是与非茄科作物进行两年以上的轮作。在选择育苗床时，也要引起足够的重视。③药剂防治。幼苗定植时。先用 1：1：300 倍的波尔多液对幼苗进行喷施后，再进行定植，既可节省药液和时间，又有较好的预防作用。定植后每隔 7～10 天，再喷 1～2 次，同时对其他真菌病害也有兼防作用。

（3）番茄白粉病

症状：主要危害叶片。叶面初现白色霉点，散生，后逐渐扩大成白色粉斑，并互相连合为大小不等的白粉斑，严重时整个叶面被白粉所覆盖，像被撒上一薄层面粉，故称白粉病。叶柄、茎部、果实等部位染病，病部表面也出现白粉状霉斑。白粉状物即为本病病征（分孢梗及分生孢子）。

发病特点：通常温暖潮湿的天气及环境有利于发展，尤其在温室或大棚保护地栽培，病害发生普通而较严重。病菌孢子耐旱力特强，在高温干燥天气亦可侵染致病。品种间抗性差异尚待调查。

防治措施：①注意选育抗病品种。②保护地栽培宜加强温湿调控，主要用粉尘法或烟雾法防治（10％多百粉尘剂 1.0 千克/（亩·次），或 45％百菌清烟剂 0.25 千克/（亩·次），暗火点燃熏一夜，1～2 次）；露地栽培于发病前或病害点片发生阶段及时连续喷药控病（15％粉锈宁可湿粉 1 500 倍液，或 40％三唑酮多菌灵可湿粉 1 500 倍液，或 50％三唑酮硫黄悬浮剂 1 000～1 500倍液，或 50％甲基硫菌灵硫黄悬浮剂 1 000～1 500 倍液，交替喷施 2～3 次，隔 7～15 天一次，前密后疏。

（4）番茄褐斑病

症状：主要发生在叶片上，也可危害茎和果实。叶片受害现近圆形、椭圆形至不规则形病斑，大小不等，灰褐色，边缘明显，直径 1～10 毫米，较大的病斑上有时有轮纹。病斑中央稍凹陷，有光泽。高温高湿时，病斑表面生出灰黄色至暗褐色霉，是病菌的分生孢子梗和分生孢子。病斑多时密如芝麻点，因而称芝麻瘟。茎受害，病斑灰褐色凹陷，常连成长条状，潮湿时长出暗褐色霉。果实上病斑圆形，几个病斑连合成不规则形，初期病斑水渍状，表面光滑，后渐凹陷成黑色硬斑，有轮纹，潮湿时长出暗褐色霉状物。叶柄、果柄受害症状与茎相同。

发病特点：病菌以菌丝体或分生孢子在病残体上于田间越冬，第二年条件适宜时产生分生孢子，借气流、雨水、灌溉水传到寄主上，从气孔、皮孔或伤口侵入，潜育期 2～3 天。病菌发育的适宜温度为 25～28℃，适宜酸碱度（pH）6.5～7.5。高温高湿，特别是高温多雨季节病害易流行。番茄地潮湿、积水，番茄长势差，发病较重。一般春番茄较秋番茄发病重。

防治措施：①加强栽培管理。低洼或易积水地应采用高畦深沟种植，不宜过密，改善田间通透性；科学肥水。采用配方施肥，适当增施磷、钾肥，提高植株抗病性。健全排灌系统，做到雨住水干；及早打去底叶老叶发现病株及时拔除，收获后清洁田园。②药剂防治。发病初期喷药防治，可选用 50％多菌灵可湿性粉剂 800～1 000 倍液、70％甲基硫菌灵可湿性粉剂 800～1 000倍液，或 0.5：0.5：100 倍波尔多液（苗期使用时浓度要低些，用 0.5：0.5：200），或 50％混杀硫（甲基硫菌灵·硫黄）悬浮剂 500 倍液，或 50％多硫悬浮剂 600 倍液。一般每 10 天喷一次，连续 3～4 次。

162. 特色辣椒品种有哪些？各品种有哪些特性？

线椒：

(1) 椒之玉二号（河南豫艺种业） 品种特性：①果实很顺直光滑，幼果绿亮，红果鲜红靓丽。②肉厚脆爽，食后无

渣，辣味很浓，但辣过之后随即消失。③果长 17～22 厘米，粗 2 厘米左右，单果 30 克左右。④单株可结果 50～60 个，甚至可结果近百个，亩产 5 000 千克以上。

（2）鲜辣早王子（河南豫艺种业）品种特性：①早熟，耐寒、耐弱光性好，弥补了深绿皮线椒保护地不易坐果的缺陷。②果长 25～31 厘米，粗 1.5～1.8 厘米。③果形顺直，膨果速度快，辣味浓，品质好。④适合南北方早春、秋延保护地和露地栽培。

（3）欧丽 314（欧兰德种业）　品种特性：①一代杂交品种，深绿特长型线椒新品种，该品种生长旺盛，株高 90 厘米左右，枝条硬，植株直立性好。②适宜气候和栽培条件下椒长可达 28～31 厘米，宽 1.8 厘米左右，肉厚 0.3 厘米左右，单果重 35 克左右，连续挂果能力强，且一致性好，产量高。③商品椒深墨绿色，椒条顺直光滑，微辣，商品性佳，适合做青椒上市。④椒条硬度高，货架期较长，耐运输。⑤适宜全国各地保护地栽培，也适合做早春露地种植。

牛角椒：

（1）墨秀八号（河南豫艺种业）　品种特性：①皮薄而脆。②膨果速度更快，早春大棚耐低温，产量高，后期果不变小。③亩产可以达到 5 000 千克以上，甚至可以高达 7 500 千克。④适宜北方地区春秋大棚，早春露地及南方地区秋冬季栽培。已在山东、河南、安徽、江苏、四川、甘肃、贵州等地大面积种植。

（2）**汤老师88号大椒**（欧兰德种业）
品种特性：①一代杂交，粗长型大果牛角椒，植株高大生长势强，叶片大叶色绿，株型较为紧凑。②中早熟，膨果速度特别快，前期产量高，前后期一致性好，坐果率高，采收期长，不易早衰。③适宜气候和栽培条件下果长 20～27 厘米，老熟果可以达到 30 厘米，横径 5.5～6.0 厘米，

果色翠绿，皮薄肉厚，口感微辣，果面微皱，商品性好。④产量高，高产每亩可达6 000～6 500 千克。⑤适宜南北方保护地栽培与早春露地种植。

（3）**国农901**（欧兰德种业） 品种特性：①植株长势旺，株型紧凑，早熟性极其突出，前期坐果集中，可以赶早上市增加效益。②椒型粗长牛角型，尾部钝尖近马嘴型，果色亮绿，光泽度好。③大果果长 22～25 厘米，果粗 5 厘米左右，单果重 150 克左右，最大单果重可达 300 克。④适宜南北方保护地栽培与早春露地种植。

（4）**顺美早椒**（河南豫艺种业） 品种特性：①早熟性更好，果实较光滑顺直，坐果能力更强。②果长 22～26 厘米，粗 5 厘米左右，单果重 110 克左右，大果 500 克。③适合华北、西北、东北春秋大棚、早春地膜及高海拔区域露地越夏种植。

螺丝椒：

（1）**西北旋旋风六号**（河南豫艺种业） 品种特性：①早熟大果型螺丝椒，9～10 节开花，果型长，果长 28～36 厘米，粗4.5 厘米左右。②皮色绿，螺丝美观，辣味香浓，脆香无渣，品

质很好。③枝条较硬，抗倒伏性好，较抗病毒病，连续坐果能力强，上部果不易变短，产量高。④适宜北方保护地、露地及南方适宜季节种植。

（2）国农螺丝王（河南豫艺种业）品种特性：①皱皮螺丝椒，抗病性好，耐低温。②节间短，坐果多，果深绿，膨果快，连续坐果能力强。③辣味浓，口感好。

羊角椒：

（1）金富春秋（河南豫艺种业）品种特性：①特早熟的黄绿皮羊角椒，株型紧凑，生长稳健，耐低温能力较好，有较好的抗病能力，结果能力强，比同类品种早熟，可提前上市，效益更好。②果长23～28厘米，横径3.6厘米，单果重75～125克。③该品种易栽培，好管理。④适宜华北区域春秋大棚、早春地膜栽培，在西北区域也表现优秀。

（2）美味一尺（河南豫艺种业）品种特性：①特长羊角椒，较早熟，正常条件下8～9节开花。②果长28～35厘米，粗3.5～4厘米，单果重100克左右，浅绿皮，果肩微皱，果实顺直，品质好，连续坐果能力强，上部果不易变短，高产可达5 000千克以上。③适于北方区域保护地或山西、陕西、甘肃、云南种植。

163. 冬春茬及早春茬辣椒播种期如何确定？

辣椒播种期的确定必须考虑到苗龄适宜时能否及时定植。长季节冬春茬栽培甜椒，长江流域在 8 月中下旬播种育苗，9 月下旬至 10 月初定植，11 月至翌年 6 月采收。早春茬设施辣椒的播种季节，在长江中下游地区一般在 9 月下旬至 10 月上中旬，或 12 月上中旬电热线加温育苗。东北南部地区温室早熟栽培可在 11 月播种，大棚早熟栽培可在 12 月播种，通常在 2～3 月定植于日光温室或大棚，4～7 月采收。

164. 冬春茬及早春茬辣椒定植前要做哪些准备？定植期如何确定？

（1）定植前要整地施基肥 整地至少应在定植前半个月进行。整地要求深翻 1～2 次，深度需达 30 厘米，并抢晴天晒土降低土壤湿度，提高地温。畦宽连沟一般 1.2～1.4 米，畦面要作成龟背形。施基肥与整地作畦相结合。每亩基肥的施用量为腐熟堆肥 3 000～4 000 千克，过磷酸钙和饼肥分别为 80 千克和 50 千克或复合肥 50 千克。一般采用沟施法。大棚农膜应在定植前 10～15 天覆盖。

（2）定植期的确定 辣椒的早熟栽培中，定植期主要是依据幼苗苗龄大小和天气状况来确定。在设施环境中定植辣椒，幼苗应具有 9～10 片真叶，株高 20 厘米左右，茎粗约 0.3 厘米，并开始发生分枝，带数个花蕾为宜。长江流域地区，辣椒定植的时间大棚在 2 月中下旬，小拱棚地膜在 2 月下旬至 3 月上旬。

165. 冬春茬及早春茬辣椒定植后温度、光照、湿度、水肥如何管理？

(1) 温、湿度管理 定植后 5～7 天应保持较高的空气湿度，而且要力争做到日温达 25～30℃，夜温达 15～20℃，地温在 18～20℃，有利于新根的发生和促进对养分的吸收。植株进入正常生长阶段的生育适温白天为 20～25℃，夜温不低于 15℃，夜间地温不低于 13℃。为了达到上述温度要求，白天大棚内气温在 25℃以上时即应揭膜通风；夜间需要进行多层覆盖，当夜间气温在 15℃以上时，可昼夜通风。辣椒在 15℃以下生育不良，35℃以上畸形果增多。

(2) 水肥管理 在水分管理上，缓苗后应适当控制水分；初花坐果时只需适量浇水，以协调营养生长与生殖生长的关系，提高前期坐果率。大量挂果后，必须充分供水，一般土壤相对湿度应保持在 80％左右。在苗期轻施一次"提苗肥"，但氮肥不宜过多。进入结果期，为了满足植株继续生长和果实膨大的需要，应加大追肥次数和数量。一般在采收 2 次辣椒后追肥一次，每次每亩追施尿素 20 千克、硫酸钾 8 千克，可采用穴施或条施。有条件的地方，可采用膜下滴灌装置补充水分和肥料。

166. 如何对大棚内五彩椒进行整枝，从而获得高产？

(1) 掌握门椒摘除时间 门椒不能一坐果就摘除，尤其在秋延迟拱棚彩椒生产中，因当时温度尚高，摘除过早易引发植株徒长，一般门椒长至核桃大小时摘除最为适宜。

(2) 合理留取侧枝 进行整枝时可适当留侧枝制造营养，但为防止通风透光不良，留下的侧枝应采取 1 片叶摘心。对于生长特别旺盛的植株以协调生长为主。

（3）及时摘除内膛侧枝 结果中后期，由于植株高大，田间通风情况下降，此时应及时摘除内膛侧枝，以防止其消耗营养，从而改善田间通风透光条件，提高作物光合作用。

167. 引起大棚内五彩椒"死棵"的原因有哪些？如何防治？

引起五彩椒死棵最主要的原因有根腐病、茎基腐病、疫病、青枯病等，对此，在生产中做到提早预防就可达到事半功倍的效果，具体做法如下：①在五彩椒定植时，每亩穴施乙酸铜 1 千克，并细土搅拌均匀，撒施于定植穴内即可定植。定植后 5 天左右，用恶·甲水剂或者恶霉灵＋普力克进行灌根。主要预防根腐病等病害发生。②第二次灌药应在第一次灌药后 10 天左右进行，可用琥胶肥酸铜（DT）＋乙膦铝按照 1∶1 的比例混合成水溶液，重点防治病害为根腐病、茎基腐病、枯萎病等。③杀菌后补充有益微生物菌群。在第二次灌药后 15～20 天，冲施生物菌肥（含有枯草芽孢杆菌），注意两者不可短时间内重复。

168. 茄子早熟栽培中如何进行播种育苗？

我国南方地区一般在 10 月上中旬播种育苗，利用大棚等设施在 11～12 月定植，多重覆盖，3～4 月开始上市。

（1）苗床准备 茄子苗期生长缓慢，需要温度高，育苗难度较番茄、辣椒大，一般采用塑料大棚套小棚的保温措施，辅助酿热加温及电热加温。播种床内营养土的配制方法和番茄营养土基本相同。

（2）种子处理　茄子种子外皮坚硬，种皮具角质层并附有一层果胶物质，水分和氧气很难进入。因此，播种前需采取浸种催芽。浸种期间需反复搓洗几次，以去除种皮外的黏液。对嫁接用的砧木，赤茄子可用 25～30℃水浸种 24 小时，托鲁巴姆用 25～30℃水浸种 5～7 天。将经过浸种的种子置于 25～30℃的环境中催芽。经 6 天左右，当种子有 30％左右发芽时进行播种。

（3）播种　栽培每亩约需种子 20～50 克。需嫁接时砧木品种应比接穗品种提前播种，一般赤茄比接穗品种提前 7 天，托鲁巴姆比接穗品种提前 25 天（催芽）至 35 天（仅浸种）播种。播种时先浇足水，种子采用撒播。一般每平方米苗床播种 5～10克。播种后覆盖 1～1.5 厘米厚的营养土。9 月上中旬播种的，由于气温较高，播种覆土后可盖一层遮阳网，以起到保温保湿的作用。如播种时日平均气温低于 15℃，可用地膜覆盖和电热加温。电热温床播种可用干籽直播，温度控制在 28～30℃；幼苗出土后苗床温度以白天 20～25℃、夜间 15℃左右比较适合。

（4）假植　当有 2～3 片真叶时即可假植，每只营养钵种一株幼苗。假植应选晴天进行，假植后要浇足水分，并随即用小拱棚覆盖，保温保湿 4～5 天，棚内温度保持 28℃左右。如果假植时气温过高，小棚上可用草帘或遮阳网适当遮阳降温。

（5）假植后的管理　①温、湿度管理。苗期棚内昼夜温度最好保持在 15～25℃，遇寒冷天气，应在大棚内套盖小拱棚保温。如棚内温度超过 25℃，要加强通风。应强调的是，即使遇连续的雨雪天气，在中午前后也应通风 2～3 小时，以增强透光，增强幼苗抗性并结合排湿。②肥水管理。幼苗前期浇水要勤，低温季节要适当控制浇水，做到钵内营养土不发白不浇水，且要浇透水。浇水应选晴天午后进行。幼苗缺肥可结合浇水施肥，一般每50 千克水加 150 克尿素或复合肥，也可用 0.3％磷酸二铵或尿素根外追肥。③嫁接。茄子嫁接的常用方法为劈接法，嫁接的适宜苗龄砧木为 5～6 片真叶，接穗苗为 4～5 片真叶。嫁接后充分浇水，并扣小拱棚保湿，并在前 3～4 天用遮阳网覆盖遮光，以后半遮光（两侧见光），随着接口的愈合，8 天后逐渐撤掉覆盖物增强光照。④病虫害防治。苗期病害主要有猝倒病、灰霉病、菌核病，主要虫害有蚜虫、蓟马、茶黄螨、红蜘蛛等，应及时防治。

169. 大棚内茄子出现僵果的原因是什么？如何应对？

症状：茄子坐果后果实停止膨大，果顶面凹陷，果实变硬，失去食用价值，或勉强膨大，但如棍状、锤状或石头状，果实表面光泽消失。发病轻时只在果实顶端或一面发生此现象，当发病严重时，整个果实变得无光泽，形成"乌皮果"，多数僵果果皮没有光泽，果肉中有空隙，基本没有种子，勉强膨大的果实内种子也明显为少。

发生原因：①植株授粉受精不良。连续阴天，造成棚内弱光、高湿，导致植株叶片光合效率下降，根系吸水吸肥能力下降，植株体营养状况不良，花芽分化不良，导致僵果产生。②缺硼。硼参与作物的花芽分化，植株一旦缺硼，就会出现僵茄现象。③点花时间过早。在茄子没有完全开放的时候就点花，抑制了果实的生长及膨大，从而形成僵果。④长势弱的情况下留果过多。在长茄长势本来就弱的情况下，应该少留果，若留果过多，会影响果实的商品率，出现畸形果和僵果。

防治措施：①改善栽培管理，保持茄子生长在适宜条件下。②合理施肥。为促进花芽分化，可间隔喷施高硼、多聚硼 1 500 倍液，保花保果；连阴天，可以叶面喷施全营养叶面肥，促进植物生长。③点花最好选择花开的当天，注意点药浓度和剂量。④留果多少要根据植株长势情况来定，长势强则多留，长势弱则少留。

170. 大棚豆角栽培关键技术有哪些？

(1) 育苗 播种前对种子进行精选是保证苗全、苗壮的关键。豆角以前多采用直播，近几年大棚内实行育苗移栽法，可充分保护根系不受损伤，还能保证苗全苗壮促进开花结荚，增加产量。豆角育苗移栽可采用小塑料袋或纸钵育苗，每穴播种 2～3粒，浇透水，注意保温和控制徒长。苗龄一般为 20～25 天。一般在冬至前后育苗。育苗时将精选的种子，用 80～90℃的热水将种子迅速烫一下，迅即加入冷水降温，保持水温 25～30℃4 小时，捞出稍晾后播种。

(2) 整地、施肥和作畦 豆角喜土层深厚的土壤，播前应深翻 25 厘米，结合翻地铺施土杂肥 8 000 千克、过磷酸钙 50 千克或磷酸二铵 50 千克、钾肥 25 千克。整畦宽 1.2 米，每畦移栽两行豆角，穴距 20 厘米，每穴移栽 2 株，每亩 5 000～5 500 穴。

(3) 定植后植株调整 架豆角甩蔓后搭架；将第一穗花以下的杈子全部抹掉；主蔓爬到架顶时摘心，后期的侧枝坐荚后摘心。主蔓摘心促进侧枝生长，抹杈和侧枝摘心促进豆角生长。

(4) 结荚期田间管理 总的原则"先控后促"，防止茎叶徒长和早衰。育苗移栽豆角浇定苗水和缓苗水后，随即中耕蹲苗、保墒提温，促进根系发育，控制茎叶徒长；现蕾后可浇小水，再中耕；初花期不浇水，当第一花序开花坐荚，几节花序显现后，要浇足头水。头水后，茎叶生长很快，待中下部荚伸长，中上部花序出现时，再浇第二次水，以后进入结荚期，见干浇水，以保高产。采收盛期，随水追肥一次，可亩施磷酸二铵 25 千克或磷酸二氢钾 25 千克。

171. 秋季菠菜栽培关键技术有哪些？

立秋后，天气逐渐转凉、日照变短的气候条件非常适宜菠菜的生长。秋菠菜一般8月播种，9～10月即可上市。秋菠菜的栽培技术要点如下：

（1）品种选择 早播种的，因温度比较高，可选用比较耐热的圆叶菠菜，比如旺旺大圆叶、墨玉抗热王等；播种较晚的，可以选用圆叶或尖圆叶品种，比如豫艺寒美、墨玉绿等。

（2）整地、精量播种 ①整地。7月将前一茬作物收获，整地，施腐熟圈粪或人粪尿作基肥。②播种期。河南及周边省份的早秋菠菜一般从立秋过后即可播种，播种后35～40天即可收获。③播种方式。为了节约用种，播种方式推荐使用菠菜专用精播耧播种或开沟条播，用开沟器按照行距15～17厘米开沟，然后均匀撒种，并覆土踩实，若底墒不好，可随即浇一次小水。

（3）田间管理 出苗后及时浇水，2片真叶前不可缺水；3～4片真叶后要适当控制浇水，同时叶面喷施磷酸二氢钾。后期根据植株生长情况，再追肥1～2次。

（4）适时采收 菠菜采收期不是很严格，可根据市场需求情况安排采收。一般8月播种后40天左右即可上市。

172. 秋栽大葱如何进行水肥管理？

立秋后气温明显降低、空气湿度减小，适宜的温湿度使大葱进入快速生长的阶段，为了提高大葱的产量和品质，在此期间要加强水肥管理，以粗根、壮棵和培土软化为主，为葱白的形成创造良好的生长环境，具体做法如下：

第一阶段：立秋至白露期间，大葱根系吸收功能进入旺盛期，此时发叶旺盛，应"轻浇、早晚浇"，结合浇水进行叶面追肥，每亩施用腐熟的农家肥 1 500 千克、过磷酸钙 20～25 千克、硫酸钾 10 千克，以促进叶部快速发育。

第二阶段：在白露至秋分阶段，昼夜温差加大，大葱进入葱白形成期，浇水的原则是"勤浇、重浇"，追肥以速效氮肥为主，尿素为好，每亩施 20 千克左右为宜，并增施硫酸钾 15 千克。

第三阶段：霜降以后，天气日益变凉，叶身生长日趋缓慢，叶面水分蒸腾减少，应逐渐减少浇水，收获前 7～8 天停止浇水，提高大葱的耐贮性。

173. 秋栽大葱为什么要进行培土？怎样培土？

培土是软化叶鞘、防止倒伏、提高葱白产量和品质的重要措施，从立秋到收获前应在立秋、处暑、白露和秋分进行 4 次培土，每次培土厚度均以培至最上叶片的出叶口处为宜，切不可埋没心叶，以免影响大葱生长。生产实际表明，大葱培土越深，葱白越长。

174. 如何提高丝瓜的精品瓜率，避免出现弯瓜现象？

（1）坐瓜前注意培育壮棵 坐瓜之前主要以培育壮棵为主，在植株长到 5～6 片叶时吊蔓，进行第一次冲肥，为前期壮棵打下基础，每亩施用肥力钾、顺藤 A＋B 等水溶性肥料 3～4 千克，配合阿婆罗 963 养根素 1 千克，以促进生根，培育壮棵。

越夏丝瓜吊蔓时间尽量后移，最好是雌花开放后再进行吊蔓，防止植株旺长。吊蔓后要及时将主蔓上的侧枝和雄花疏除，减少养分消耗，促进主蔓健壮。

（2）根据季节调整留瓜早晚 要保证丝瓜瓜条不弯，产量高，关键是协调好营养生长与生殖生长之间的关系。留瓜早晚要根据季节来定，越冬茬和早春丝瓜，外界温度低，植株生长缓慢，早留瓜容易造成养分分配失衡，茎秆细弱，产量低，可以延迟到 22～24 片叶再留瓜。夏季温度较高，长势旺，应早留瓜，主蔓长到 15 片叶、株高 1.5 米左右时开始留瓜。

（3）根据植株长势调整留瓜多少　为保证丝瓜连续结瓜，瓜条品质好，要根据植株长势留瓜。温度较高，植株长势旺，可以每隔 3 片叶留一个瓜；植株长势弱，可以每隔 4～5 片叶留一个瓜。如果植株生长过于缓慢时，应将幼瓜全部疏除，先促蔓生长，再看长势留瓜。

175. 怎样选购优良蔬菜种？

现在市场上投放的蔬菜种子"多、繁、杂"，让购买者不知所措，而且常常会买到不合格产品。种子不是一般消费品，购买种子是一种投资，关系着种植者一家或整个农场一季或一年的收益，所以农民购种时都特别慎重。在此，强调几点购种时的注意事项，供大家参考。

（1）结合当地气候特点和市场需求，选择适合自己需求的品种才是好品种　所谓蔬菜良种，表现在很多方面，如外观商品性好、连续结果能力强、丰产性好、品质口感好、抗病虫害能力强、与栽培方式相适宜的熟性合适等。我们要结合当地气候特点和市场需求，根据自己的栽培方式、栽培茬口、管理水平、水肥条件、上市时间等，选择适合自己需求的优良品种。

以辣椒为例，如果是越冬温室，辣椒结果前期正处于一年中温度最低时期，且光照比较弱，此时对于辣椒品种的选择应选择长势较强、耐低温弱光的品种，如墨秀八号、墨秀 58、新金富 808、金富 958、鲜辣早王子等。如果是早春大棚和塑料小拱棚，栽培的主要目标是实现早熟高产，同时果实的商品性要好，以达到高效益的目的，此时，对于辣椒品种的选择应具备以下特点：早熟性好，较耐低温弱光；果个较大，果实的颜色和风味适合目标市场的消费习惯。适合华北、华东地区种植的优良品种有：黄绿皮尖椒有金富春秋、金富 808、金富 809；大果泡椒有墨秀八号、墨秀58、顺美早椒、墨秀大椒；线椒有鲜辣早王子、鲜辣 2 号等。如果是露地辣椒，北方露地越夏辣椒前期处于高温多雨的季节，环境条件恶劣，注意病虫害防治。此时，对品种要求植株长势健壮、耐热、耐湿性好、抗病能力强，如顺美早椒、墨秀 58、锦霞红艳艳等品种。

（2）提高识别能力、理性购种 很多人看人家买什么，自己就买什么，随大流；也有的人一味听经销商的介绍，自己没主见；还有的人根本听不进别人的话，别人说的是真心话，他也不相信；而还有些人只为图便宜，捡最便宜的买，或是有的人则认为越贵的种子就越好。这些都是错误的，要兼听则明。买种子不同于买农药，若农药的药效不理想，还可以使用其他农药进行补救，而种子一旦出现问题，则错过种植季节，这就是农民常说的"有钱买籽，没钱买苗"的道理。更不要盲目听信某些不负责任的种子经销商诱惑、忽悠，甚至赊销种子，这些都会给菜农埋下经济损失的隐患，教训也是惨痛的。因此农民朋友在购种前，要分析近些年哪些品种在市场上畅销？为什么畅销？今年哪些品种滞销？为什么滞销？以后市场的发展方向在哪里？经过思考后再购买，要购买有发展前途的、有市场潜力的好品种。

此外，要选择正规大单位、科研实力强、有社会责任感的单位的品种。这些单位有自己正规的品种选育程序、严格的质量管控体系和合理的新品种推广机制。为避免新品种推广过程中的问题，他们自觉遵守农作物审定制度，要连续经过数年、多地的试种示范，连续表现好、性状稳定的品种才进行推广；他们为了保证种子质量，要经过很多严格的试验和鉴定环节，才能加工包装销售。因此，选择大单位、正规单位、科研实力强的单位的种子，一般不会有什么大的风险，且年年质量都稳定。一些小厂家为了迎合菜农对好品种需求的心理，其产品说明往往夸大其辞，或者根本就是抄录大单位的文字说明。请大家不要相信夸大的宣传，以免受到误导。比如：西瓜想提早上市的，就应尽量选购早熟品种，但早熟种瓜个往往长不太大。有的品种介绍上写坐果后 20～22 天成熟，单瓜重又写得很大，那就矛盾了，瓜大、早熟两个特点是很难同时具备的。若想结大瓜，必须选择中早熟、中熟或中晚熟品种。

优良的品种和优质的种子是获取农业丰收的第一因素，买一筒好的种子等于买到了丰收的希望。目前市场上各种蔬菜品种很多很乱，性状差异较大，只有合理选择品种，并要做到良种良法相配套，才能获得美满收益！

176. 新建温室如何提高土壤肥力？

提高大棚土壤肥力，是作物高产、优质的基础措施。新棚建造时，为方便操作，多是将地表层的熟土用挖掘机挖起后，用于堆砌棚墙，而用来种植蔬菜的土壤多是距离地表 1.5 米左右的生土，这样的土壤有机质缺乏，因此要大量补充有机肥。那么如何增施土壤肥力呢？

(1) 增加鸡粪等粪肥的施用量 新建棚室多是生土，有机质缺乏，因此要大量补充有机肥，像稻壳粪、鸡粪等有机肥，可以将亩用量提高到 35 米^3 左右。这些有机肥施用后，虽不能迅速增加土壤中的有机质，但却可以在一定程度上改善土壤的理化性状。

(2) 增施生物菌肥 新建的大棚，土壤中的各种微生物含量较少，即使将大量的鸡粪、稻壳粪等有机肥施用到大棚土壤中，也因为土壤中缺乏微生物，不能快速地将有机肥分解转化成土壤有机质。因此，菜农在新建大棚土壤中施用稻壳粪、鸡粪等有机肥时，一定要注意增施生物菌肥，以快速补充土壤中的微生物。

(3) 增施商品有机肥 商品有机肥的有机质含量高，使用后有助于土壤快速地补充有机质。菜农可以在第一次向新建大棚土壤中施用粪肥后，结合施用商品有机肥（每亩施用 500 千克左右），以保证蔬菜生长前期所需的营养。

（4）注意补充氮、磷、钾肥　新建大棚土壤都是生土，土壤中的氮、磷、钾含量极低，所以在施用基肥时一定要注意增施氮、磷、钾肥料。菜农可以增加氮、磷、钾肥的用量，一般来说，每亩用化肥 50 千克左右。

（5）注意补充中微量元素　新建大棚土壤中缺乏中微量元素，已经成为制约蔬菜高产优质的突出问题。建议：菜农建好大棚后，要注意增施钙、镁肥，可以亩施 100 千克钙镁磷肥或过磷酸钙等，以补充土壤营养。此外，蔬菜的生长还需要铁、锰、硼、锌、铜、钼、氯等微量元素，因此，菜农朋友可以施用多元素矿物肥，以提高蔬菜品质。

177. 早春茬如何定植利于缓苗？

（1）先开沟浇水，再定植封沟，保证地温　蔬菜缓苗慢，与定植后浇大水有很大关系。因此，为了使越冬茬蔬菜快速缓苗，定植时不要采用先定植再灌水的定植方法，以避免蔬菜等定植后浇水造成地温降低、根难发缓苗难情况的发生。应采用先开沟浇水，再定植封沟的定植方法，以保证适宜蔬菜生长的地温，一般蔬菜根系发育的地温在 18～20℃ 最为适宜。

（2）定植不过深，浅栽后再覆土　蔬菜定植时浅栽，特别是在透气性较差的黏土地上，一般可把根部向上提高 3～5 厘米，再把根上的土加厚些即可。若只浅栽不增加覆土，易使根部干得过快，不利缓苗，因此还得及时覆上一层土。对防病嫁接栽培来讲，浅栽嫁接苗更为必要，一般要求嫁接部位距离地面 3 厘米以上，使嫁接苗的嫁接部位远离地面，避免接穗上长出的不定根扎入地里，影响缓苗。

（3）定植后适时减少通风时间，保温保湿　蔬菜定植 7 天内，应以保温保湿为主，尽量减少通风，促进蔬菜尽快缓苗。一般茄果类蔬菜的缓苗期白天应控制在 28～32℃，夜间应控制在15～18℃；瓜类蔬菜白天应控制在 28～35℃，夜间应控制在16～18℃。此期内，棚内要求一定的湿度，一般应将湿度保持在80％左右。7 天后蔬菜可基本度过缓苗期，此时可逐渐拉大风口，将棚温降低 2～3℃。

178. 早秋茬蔬菜定植后根系难以下扎的原因有哪些？

早秋茬口的蔬菜陆续定植，不少定植后的蔬菜出现了生长不良的情况，最突出的表现是根系难以下扎。蔬菜定植后的重点是促进根系的生长，一旦根系生长不良，非常不利于壮棵的培育。那么，在当前蔬菜定植后根系难以下扎的原因有哪些呢？

（1）根系环境的变化　目前多是工厂化基质育苗，基质的特点是通气透水性好，很适合根系的扩展，并且工厂化育苗对于根系环境的控制相对严格，根系生长环境非常洁净。而大棚土壤环境则非常复杂，有害微生物多、质地与基质不一致、矿质养分集中等，定植后的蔬菜根系从基质到土壤需要有一个逐步适应的过程。一旦土壤环境变得十分恶劣，基质中的根系难以适应土壤，那么蔬菜根系就难以下扎。

随着大棚种植时间的延长，土壤环境越来越恶劣，定植后的蔬菜会经常发生因为从基质到土壤出现的巨大落差而出现根系生长不良的情况。因此，保证土壤环境处于健康稳定状态是让定植后的蔬菜顺利扎根的基础。

（2）肥料过于集中　当粪肥用量较大时，如果使用旋耕机翻地，在翻耕深度较浅（不超过 20 厘米）的情况下，大量肥料集中在地表 0～20 厘米的土层中，那么这对于蔬菜根系将会产生非常大的影响。由于肥料过于集中，浇缓苗水以后会出现土壤溶液浓度过高的情况，根系在高浓度的土壤溶液中发生质壁分离，从而出现缺水的情况，最终导致根系死亡。所以，建议菜农底肥使用后翻耕深度最好超过 30 厘米，既能保证肥料在土壤中分布均匀，又可以打破犁底层，降低肥料过于集中的危害。

(3) 地表温度过高 适宜根系生长的土壤温度在 12～20℃，夏季在强光的直射下地表温度通常能达到 25℃左右，土温过高会加速根系呼吸，出现早衰的情况。而且土壤温度过高加速水分蒸发，不利于根系的生长。所以在蔬菜定植后要进行适当的遮阴，不仅是减少叶片蒸腾量，更要使土壤温度保持在适宜根系生长的条件中。

(4) 土质问题 定植一段时间后的苗子，在扒开基质周边的土壤后发现，根系几乎没有从基质中扎出，且土质十分黏重。这种黏性的大棚土壤虽然保水保肥性好，但是由于土壤中缺乏空气，也不利于根系生长。

另外，苗子本身根系生长差也是导致定植后难以扎根的原因，出苗后要仔细观察苗子根系的生长情况，健壮的根系表现为根毛洁白、发达，对于根毛少且发黄变褐的苗子最好不用。

179. 夏季在大棚内操作行铺盖秸秆的作用是什么？铺盖秸秆时需要注意哪些问题？

在操作行内铺盖麦穰、玉米秸等的目的主要有：防止操作行被踏实；保持地温相对恒定；秸秆在发酵腐熟的过程中能放出热量和二氧化碳，有利于植物进行光合作用；秸秆腐烂后可以作为有机肥施入土壤中，增加土壤有机质含量。

在冬季蔬菜操作行内铺盖秸秆不仅能保温降温，而且增加操作行内土壤的透气性。那么夏季，大棚内铺盖作物秸秆的作用是什么呢？

一是防止棚内高温干旱。夏季光照强，棚内温度较高，在高温的情况下土壤水分蒸发快，土壤常处于干旱状态，那么这时候在蔬菜操作行内铺盖秸秆，能防止土壤水分蒸发过快，达到降温保湿的作用；此外，还能防止操作行内杂草生长。

二是减轻大棚内病毒病的发生。夏季，大棚内作物常处于高温干旱的环境，蔬菜病毒病很容易发生，由于在操作行内铺盖作物秸秆后能达到降温除湿的目的，因此可以减轻大棚内蔬菜病毒病的发生。

由于秸秆上带有大量的病菌和虫卵，直接使用很容易引起病虫害的发生。所以，在铺盖秸秆前，一定要对秸秆进行消毒杀虫。最好的方法是在进棚前将其摊在场院里晒一晒，利用阳光杀菌，效果就非常好，这个方法比较简单也实用，一般经过2～3个中午暴晒后，可将大多数病菌杀死。至于秸秆上的虫卵，在冬季零下5℃的低温下，2～3天就可将绝大多虫卵冻死。秸秆进棚前，还要用1 000倍液的高锰酸钾均匀地将秸秆喷洒一遍，一边喷一边翻动秸秆，保证喷匀喷细。

180. 新型无土栽培技术有哪些？

无土栽培无须依赖土壤，它是将蔬菜等作物种植在装有营养液的栽培装置中，或是在充满营养液的沙、砾石、蛭石、珍珠岩、稻壳、炉渣、岩棉、蔗渣等非天然土壤基质材料做成的种植床上，因其不用土壤，故称无土壤栽培，而且由于它不用一般的有机肥和无机肥，而是依靠提供营养液来代替传统的农业施肥技术，所以无土栽培又被称为营养液栽培，简称水培、水耕栽培技术。无土栽培从根本上解决了蔬菜作物连作障碍问题，可以根据不同作物的生长发育进行温、光、水、肥、气等的自动调节和控制，实现高产，有利于农业实现现代化，因此应用广泛。近年来新型的无土栽培技术发展迅速，发展到目前种类繁多，分类方法也很多。根据栽培床使用基质材料的种类将其分为：水培、基质培和雾培；根据栽培床营养液的深浅，水培又可分为深液流技术和营养液膜技术；基质栽培根据设施构造的不同，有容器栽培、槽培、袋培和立体柱式栽培等几种类型。

（1）水培技术 水培作物的根系不是生长在固体基质中而是生长于营养液之中。水培设施必须具备四项基本条件：①能装住营养液而不致漏掉。②能锚定植株并使根系浸润到营养液之中。③使根系和营养液处于黑暗之中。④使根系获得足够的氧。由这些条件出发，人们经过长期实践，创造出了许多形式的水培设施。用于大规模生产的水培设施，概括起来有两大类型：一是深液流技术（DFT）；二是营养液膜技术（NFT）。我国开发研制的浮板毛管技术（FCH）就是深夜流技术的一种形式。

深液流水培技术（deep flow technique，DFT） 深水培栽培方法需要营养液液层较深，一般达到 20～30 厘米，植物根系生长在深层营养液内。深水培技术是最早成功应用于商业化植物生产的无土栽培技术，1929 年由美国加州农业实验站的格里克首先应用于作物的商业化生产。由于营养液液层深，其浓度、pH、温度等比较稳定，缓冲能力强。

营养液膜技术（nutrient film technique，NFT） 营养液膜栽培方式作物的根系生长在很浅的小型栽培槽中，植株大部分根系裸露在潮湿空气中，大约 0.5 厘米的浅层营养液不断地流过作物根系表面，由于营养液层很浅，像一层水膜，因而获得了营养液膜这一名称。

浮板毛管水培技术（floating capillary hydroponics，FCH）浮板毛管栽培技术是参考日本的浮根法经改良研究开发的，它利用分根法和毛细管原理有效地解决了水培中供液与供氧的矛盾。根系环境条件相对稳定，营养液液温、浓度、pH 等变化较小，根际供氧较好，既解决了 NFT 根环境不稳定、因临时停电营养液供应困难的问题，又克服了 DFT 根际易缺氧的困难，具有成本低、投资少、管理方便、节能、实用等特点。

浮板毛管栽培设施包括种植槽、地下贮液池、循环管道和控制系统四部分。除种植槽以外，其他三部分设施基本与 NFT 相同，种植槽由定型聚苯乙烯板做成长 1 米凹形槽，然后连接成长 15～20 米的长槽，其宽 40～50 厘米，高 10 厘米，槽内铺 0.3～0.8 毫米厚无破损的聚乙烯薄膜，营养液深度为 3～6 厘米，液面漂浮 1.25 厘米厚、10～20 厘米宽的聚苯乙烯泡沫板，板上覆盖一层亲水性无纺布，两侧延伸入营养液内，通过毛细管作用，使浮板始终保持湿润。

管道水培技术　管道水培是利用塑料管道作为栽培载体的一种水培的形式。它可以根据设计者的意思设计成不同的形式进行栽培，但是不管是什么形式，它都包括栽培管道、营养液池，供排液系统。

管道水培可以是 DFT 或 NFT 管道水培，根据管道的结构类型可以分为床式管道中农富通园艺通州基地床式管道水培、直立管道水培和 A 字形管道水培等不同形式。

（2）基质栽培　基质栽培与水培不同，作物的根系不是像水培作物一样生长在营养液中，而是生长在人工配制的栽培基质中，植物从基质中吸收水分和养分，这种无土栽培形式为基质栽培。根据栽培形式的不同固体基质栽培可分为：容器栽培法、基质槽培和袋培。

容器栽培法　用花盆、塑料瓶、玻璃瓶等容器，里面盛放基质栽培植物的方法称之为容器栽培。如樱桃番茄、飞碟西葫芦、观赏辣椒等，采取措施将植株矮化，既可以美化自己的小环境，又可以品尝到自己栽培出来的美味果实。

槽培　槽培是一种在一定的槽体内，填入基质，供应营养液栽培作物的方法。槽体的体积大，里面可以盛放较多的基质，有利于满足作物对水分和养分的需求，主要在大面积生产中应用这种栽培方式。

袋培 在尼龙袋或黑白双色聚乙烯塑料袋内装入基质也可以进行瓜类和茄果类蔬菜的栽培，这种方法即为袋培。栽培袋的材料一般用直径 30～35 厘米的塑料薄膜筒或相同规格的编织袋。筒式栽培袋：将塑料薄膜膜筒剪成 35 厘米长，用塑料薄膜熨斗将膜筒一端封严，将岩棉基质装入袋中，直立放置，即成为一个筒式栽培袋。枕式栽培袋：将塑料薄膜筒剪成 70 厘米长，用熨斗封严膜筒的一端，装入 20～30 升岩棉基质，再封严另一端，依次平放到栽培温室中。在袋上开两个直径为 10 厘米的定植孔，两孔中心距离为 40 厘米，即成为枕式栽培袋。

（3）**立体栽培** 为了充分利用温室和大棚的空间，提高土地的利用率，可将无土栽培设计成立体栽培的形式，这对于提高单位面积作物的产量有一定的好处，但由于立体栽培的投资远较平面的单层栽培来得大，而且在管理上也不太方便，在每层作物之间存在着互相遮阴的问题，所以在大规模生产上应用得不太多。立体栽培可用基质培的形式，也可用水培的形式。

（4）**喷雾栽培** 这种栽培方式作物的根系既没有生长在营养液中，也没有像基质栽培那样生长在基质中，而是生长在相对湿度达到 100％ 的"湿空气"中，作物的根系悬挂在封闭、不透光的容器（槽、箱或床）内，营养液经特殊设备形成雾状，间歇性喷到作物根系上，提供作物生长所需的水分和养分，这种无土栽培形式就是雾培，或称气培。

181. 什么是蔬菜树式栽培？适合种植哪些作物？

蔬菜树是将一年生蔬菜通过特殊的栽培方式，采用营养液水培或基质栽培技术，结合环境、营养调控手段，最大限度满足其生长发育的需求，促其旺盛生长，枝繁叶茂，果实累累，形状似树，故称之为"蔬菜树"。以番茄树为例，其植株株高可达 2～

2.5 米，每株树冠面积 40～50 米^2，单株年结果数可达上万个。还有茄子、甜椒、辣椒、蛇瓜、冬瓜等容易长分枝的品种也可以进行树式栽培。培养蔬菜树很关键的技术是选留和控制分枝技术。在培育主枝的过程中，首先要确定分枝的部位和分枝数，其次要确定分枝的间距和分布的合理性。蔬菜树式栽培主要由栽培槽、基质、贮液池、供液与排液系统、自动控制系统、秧体支撑设施等组成。

182. 生物农药是什么？有哪些应用？

生物农药是指利用生物活体或其代谢产物对害虫、病菌、杂草、线虫、鼠类等有害生物进行防治的一类农药制剂，或者是通过仿生合成具有特异作用的农药制剂。关于生物农药的范畴，目前国内外尚无十分准确统一的界定。按照联合国粮农组织的标准，生物农药一般是天然化合物或遗传基因修饰剂，主要包括生物化学农药（信息素、激素、植物调节剂、昆虫生长调节剂）和微生物农药（真菌、细菌、昆虫病毒、原生动物，或经遗传改造的微生物）两个部分，农用抗生素制剂不包括在内。我国生物农药按照其成分和来源可分为微生物活体农药、微生物代谢产物农药、植物源农药、动物源农药四个部分。按照防治对象可分为杀虫剂、杀菌剂、除草剂、杀螨剂、杀鼠剂、植物生长调节剂等。就其利用对象而言，生物农药一般分为直接利用生物活体和利用源于生物的生理活性物质两大类，前者包括细菌、真菌、线虫、病毒及拮抗微生物等，后者包括农用抗生素、植物生长调节剂、性信息素、摄食抑制剂、保幼激素和源于植物的生理活性物质等。

生物农药具有低毒、对人畜安全、对生态环境无污染、不易产生抗药性等优点，因此有着广阔的应用前景。①可以应用到无公害蔬菜、绿色蔬菜及有机蔬菜生产害虫防治中。比如生物肥皂，是由动物、植物天然提取物合成的生物杀虫剂，主要成分为脂肪酸盐。其通过脱水、窒息作用杀灭害虫，只要药液与害虫接触，就可以达到满意的防治效果。生物肥皂无毒无残留，生命周期长，对作物安全，且具有杀虫高效性、防治广谱性、药肥双效性。生物肥皂在 30 分钟内对蚜虫的杀灭效果达到 90%～100%；在防治白粉虱中，15 分钟杀灭害虫达 75%，5 小时达 95%。类似的杀虫、杀螨剂很多，比如爱福丁 1 号（阿维菌素）、除虫菊素、印楝素、灭蚜菌、青虫菌、杀螟杆菌等。②防治作物病害。比如井冈霉素防治水稻纹枯病有特效。抑制水稻纹枯病菌丝，有效期长达 15～20 天，耐雨水冲刷，对人畜安全无毒。井冈霉素是一种放线菌产生的抗生素，具有较强的内吸性，易被菌体细胞吸收并在其内迅速传导，干扰和抑制菌体细胞生长和发育。也可用于水稻稻曲病以及蔬菜和棉花等作物病害的防治。类似的杀菌剂还有农用抗菌素和植物抗菌素，如春雷霉素、庆丰霉素、多抗霉素、土霉素、灰黄霉素、放线菌酮链霉素等。

183. 无公害蔬菜、绿色蔬菜和有机蔬菜有什么区别？

无公害蔬菜是指商品蔬菜在生产过程中受化肥、农药以及工业三废等污染，在其体内直接或间接残留的有毒物质低于国际或国家卫生组织规定的含量标准。

绿色蔬菜栽培就是采用综合技术措施，预防为主，创造有利于蔬菜生长而不利于病虫害发生的生态条件，科学地选用高效、低毒、低残留的化学农药，使蔬菜中的农药残留量低于国家的标准，分为 A 级和 AA 级两种。

有机蔬菜是有机农业中的一部分，必须经过国家专门机构认证，根据有机农业的原则吸取了几千年来传统农业的精华，结合

A级绿色标志图案

AA级绿色标志图案

蔬菜作物自身的特点，强调因地因时因物制宜的耕作原则，在整个生产过程中禁止使用人工合成的化肥、农药、激素，以及转基因产物，采用天然材料和与环境友好的农作方式，恢复园艺生产系统物质能量的自然循环与平衡，通过作物种类品种的选择、轮作、间作套种，休闲养地水资源管理与栽培方式的配套应用，创造人类万物共享的生态环境。

184. 如何生产有机蔬菜？

由于有机蔬菜地栽培过程中不允许使用人工合成的农药、肥料、除草剂、生长调节剂等，因此，在栽培中不可避免地对病虫草害和施肥技术提出了不同于常规蔬菜的要求：

（1）对生产基地的要求

基地的完整性　基地的土地应是完整的地块，其间不能夹有进行常规生产的地块，但允许存在有机转换地块；有机蔬菜生产基地与常规地块交界处必须有明显标记，如河流、山丘、人为设置的隔离带等。首选通过有机认证及完成有机认证转换期的地块；其次选择新开荒的地块；再次选择经三年休闲的地块。

建立缓冲带 如果有机蔬菜生产基地中有的地块有可能受到邻近常规地块污染的影响，则必须在有机和常规地块之间设置缓冲带或物理障碍物，保证有机地块不受污染。不同认证机构对隔离带长度的要求不同，如我国 OFDC 认证机构要求 8 米，德国BCS 认证机构要求 10 米。

（2）栽培管理

品种选择 提倡使用有机蔬菜种子和种苗，在得不到已获认证的有机蔬菜种子和种苗的情况下（如在有机种植的初始阶段），可使用未经禁用物质处理的常规种子。应选择适应当地的土壤和气候特点，且对病虫害有抗性的蔬菜种类及品种，在品种的选择中要充分考虑保护作物遗传多样性。禁止使用任何转基因种子。

轮作换茬和清洁田园 有机基地应采用包括豆科作物或绿肥在内的至少三种作物进行轮作；在 1 年只能生长 1 茬蔬菜的地区，允许采用包括豆科作物在内的两种作物轮作。前茬蔬菜收获后，彻底打扫清洁基地，将病残体全部运出基地外销毁或深埋，以减少病害基数。

配套栽培技术 通过培育壮苗、嫁接换根、起垄栽培、地膜覆盖、合理密植、植株调整等技术，充分利用光、热、气等条件，创造一个有利于蔬菜生长的环境，以达到高产高效的目的。

（3）肥料使用 有机蔬菜生产与常规蔬菜生产的根本不同在于病虫草害和肥料使用的差异，其要求比常规蔬菜生产高。

施肥技术 只允许采用有机肥和种植绿肥。一般采用自制的腐熟有机肥或采用通过认证、允许在有机蔬菜生产上使用的一些肥料厂家生产的纯有机肥料，如以鸡粪、猪粪为原料的有机肥。在使用自己沤制或堆制的有机肥料时，必须充分腐熟。有机肥养分含量低，用量要充足，以保证有足够养分供给，否则，有机蔬菜会出现缺肥症状，生长迟缓，影响产量。针对有机肥料前期有效养分释放缓慢的缺点，可以利用允许使用的某些微生物，如具有固氮、解磷、解钾作用的根瘤菌、芽孢杆菌、光合细菌和溶磷菌等，经过这些有益菌的活动来加速养分释放养分积累，促进有机蔬菜对养分的有效利用。

培肥技术　绿肥具有固氮作用，种植绿肥可获得较丰富的氮素来源，并可提高土壤有机质含量。一般每亩绿肥的产量为2 000千克，按含氮0.3%～0.4%，固定的氮素为68千克。常种的绿肥有：紫云英、苕子、苜蓿、蒿枝、兰花籽、白花草木樨等50多个绿品种。

肥料种类　允许使用的有机肥料包括动物的粪便及残体、植物沤制肥、绿肥、草木灰、饼肥等；矿物质包括钾矿粉、磷矿粉、氯化钙等物质；另外还包括有机认证机构认证的有机专用肥和部分微生物肥料。

肥料的无害化处理　有机肥在施前2个月需进行无害化处理，将肥料泼水拌湿、堆积、覆盖塑料膜，使其充分发酵腐熟。发酵期堆内温度高达60℃以上，可有效地杀灭农家肥中带有的病虫草害，且处理后的肥料易被蔬菜吸收利用。

肥料的使用方法　①施肥量。有机蔬菜种植的土地在使用肥料时，应做到种菜与培肥地力同步进行。使用动物和植物肥的比例应掌握在1∶1为好。一般每亩施有机肥3 000～4 000千克，追施有机专用肥100千克。②施足底肥。将施肥总量80%用作底肥，结合耕地将肥料均匀地混入耕作层内，以利于根系吸收。③巧施追肥。对于种植密度大、根系浅的蔬菜可采用铺肥追肥方式，当蔬菜长至3～4片叶时，将经过晾干制细的肥料均匀撒到菜地内，并及时浇水。对于种植行距较大、根系较集中的蔬菜，可开沟条施追肥，开沟时不要伤断根系，用土盖好后及时浇水。对于种植株行距较大的蔬菜，可采用开穴追肥方式。

185. 大棚蔬菜病虫害越来越严重的原因有哪些？有哪些解决办法？

近几年种植黄瓜、番茄、茄子、辣椒、草莓等果菜的菜农反映，从结果到罢园拔藤各种病害不断，各种病症交叉、重叠发生，天天打药都治不住。有的农户用了大量鸡粪、鸭粪，还有生物有机肥，瓜苗还是不发棵，结出来的瓜不漂亮，弯瓜多。霜霉疫病经常有，蓟马蚜虫特别多，抗性很大，天天打药都不行。引起病虫害越来越严重的根本原因主要有以下几方面：

（1）长期不合理地施用肥料 农户长期不合理地施用肥料，造成土壤板结、酸化、盐渍化和养分严重失调。

土壤板结 长期超量施用磷肥，会引起土壤板结，磷肥用量越大，土壤板结就越严重，导致土壤透气性越来越差，作物根系发育受阻，甚至烂根，引起作物生理障碍和土传性病害等。此外，施入土壤中的磷，会与可溶性的钙、铁、锌、锰和铝结合，形成难以分解的化合物，从而破坏土壤团粒结构，造成土壤板结。钙、铁、锌、锰和磷肥一起同时失活、失效，使土壤养分严重失调，这正是磷肥利用率仅有 5%～20% 的根本原因，也是导致作物缺乏微量元素的根本原因。这也是为什么连年大量施用鸡粪会加重土壤板结，造成水、肥、气、热严重失调，病害难以控制的原因，因为鸡粪是所有动物粪便中含磷量最大的一种有机肥。

防止、消除土壤板结，首要的是活化磷，促使土壤形成团粒结构。常用的方法有两种：①增施有机肥，尤其是庄稼秸秆和含纤维量高的牛、马、羊粪等。秸秆肥和这些动物粪肥中含有大量的胡敏酸、富里酸，是活化磷，为改良土壤的最佳选择。②施用生物肥料。生物肥料施用较复杂，不宜与农药、化肥混合施用。有机质含量低的土壤由于碳资源不足，施用生物肥料后效果不明显。

土壤酸化 我国长江以北的土壤大多中性偏碱，长江以南的土壤多呈酸性，主要是由于南方充沛的雨水携带大量的二氧化碳，淋溶土壤中的钙、镁离子形成的一种自然酸化现象。土壤酸化与大量施用有机肥、生理酸性肥料有关，但最主要原因还是过量施用氮肥（包括有机氮肥）。大量的氮肥会被氧化为硝酸，破坏土壤钙镁盐，使土壤酸化。土壤酸化最直接的危害是使植物发生严重的钙镁硼缺乏的生理性病害。土壤酸化还会限制固氮菌的生存，影响豆科植物的生长，同时还会加重白菜根肿病，番茄、辣椒、茄子、花生等作物青枯病的发生与发展。

一般 pH 低于 6 的过酸土壤不利于作物生长，而 pH 在 6～7.5 的中性偏酸的土壤有利于作物生长。常规方法是每亩施用 100 千克生石灰，2/3 撒地表翻耕，其余 1/3 耕地后撒地面耙匀，然后浇水中和。也可以尝试使用一些调理土壤酸碱性的肥料。

土壤盐渍化　引起土壤盐渍化的主要原因是施肥量过大。一次性施用化肥过多或长期大量施用化肥都会引起土壤盐渍化。施入土壤中的肥料只有少部分被植物吸收，剩下的绝大部分以盐的形式在土壤中集聚，还有很少一部分随灌溉水流失或分解进入空气中。施肥量越大，土壤盐渍化越快，当土壤中的盐超过作物耐受程度后，就会影响作物生长甚至脱水死亡。盐害其实就是肥害。

土壤盐渍化对作物的直接危害是使根系浅短不发达，叶片僵化，植株矮小不发棵，长势差甚至停止生长，无新叶或新叶很少以及作物生长不齐。避免土壤盐渍化最好办法就是根据土地的肥瘦情况定产量，以产量定氮肥的施用量，测土壤养分定磷、钾肥用量。做到有机肥和化肥配合使用，磷肥全部底施，氮肥以追施为主，钾肥大部分底施，小部分追施。

土壤养分失衡　作物所需的 16 种营养元素调配不当，有的大量积累，有的严重缺乏，造成作物生理障碍，传染性病害大量发生，严重时影响作物的产量和质量，出现投入高、产量低、效益差的现象。

（2）大剂量、高频次、不科学的使用农药　大剂量、高频次、不科学的使用农药造成病虫抗性越来越强，作物免疫力越来越低，土壤微生态平衡遭到严重破坏。

病虫抗药性　由于化学农药的长期使用，大部分有害生物（包括病菌、害虫、杂草）均不同程度地产生抗药性，有的甚至已经发展到无药可治的地步。抗药性形成的特点：生活史越短，繁殖速度越快，群体越大，接触农药机会越多的有害生物，产生抗药性越快；用药剂量越大，用药次数越多，抗药性越容易形成；选择性越好、专业性越强的内吸性高效农药，越易产生抗药性；作用机理相似的农药混用，易产生抗药性，而作用机理相差较大的保护性杀菌剂与内吸性杀菌剂混用就不易产生抗药性。

合理确定用药浓度和用药量；喷雾器的雾化要将药均匀喷到作物上，使之形成一层能维持较长时间的药膜，杀虫治病效果才好；药剂种类建议不要超过四种，轮换施药、混合施药。

作物免疫力　作物的免疫力就是作物抵抗病菌侵染的能力。免疫力有强弱之分，还有遗传性。免疫力既可以在病菌侵染时诱发产生抗生素来围剿病菌，避免病害发生，也可以加强自身氧化酶的活性来抵抗病菌，减弱病害发生。作物这种抵御病菌侵染的能力，在经受病害侵染过程中可以加强，也会在频繁使用农药的情况下弱化，甚至完全丧失。

提高作物免疫力最简单且行之有效的方法：一是不要频繁打药，间隔期不要低于 5 天，以 7～10 天为宜；二是在打药时加上高品质的叶面肥。

土壤微生态平衡　土壤中的微生物一般分为三大类：一类是对作物生长有益的良性菌，如：固氮菌、根瘤菌、光合菌、磷细菌、钾细菌、放线菌和菌根真菌等；另一类是对作物生长有害的恶性菌，如：镰孢菌、丝核菌、腐霉菌、疫霉菌等；第三类是中性菌。良性菌和恶性菌在土壤中的数量都不大，而数量最大的是中性菌。中性菌的特点是，谁的实力强就跟谁跑。在正常情况下，良性菌和恶性菌势均力敌，而当过量施用化肥农药时，良性菌就会受到严重伤害，若长期大剂量高频次施用农药，良性菌受到伤害更加严重，严重破坏微生态平衡，此时，中性菌就会随之成为恶性菌，使作物病害发生严重，而且难以治愈。

因此，在防治土传病害时，既要"对症下药"又要少用药，小范围用药，尽量减少对有益菌的伤害，保护生态平衡。当土传病害发生时，首先用药控制中心病株或中心区域，并对中心病株或中心区域周围 1～2 米以内的其他植株进行药物防治，尽量减少全田用药次数。

（3）连作种植 连作种植造成病原体指数直线上升，土壤缺素、积毒问题越来越严重。在同一块地连年种植同种或同科作物会引起作物生长发育不良，根系不发达，长势变弱，病害多而严重，产量降低、品质变差的连作障碍现象。引起连作障碍的原因主要有三个：病菌积累、营养失衡、自毒作用。由于轮作在有些地区难以实施，嫁接局限性又很大，增施有机肥和施用生物有机肥只能起到缓解作用，所以，连作问题目前较难解决。

解决方法：①合理施肥。合理施肥不仅能促进作物生长，还能减少病害的发生。要做到合理施肥，需注意以下两点：第一，讲究施肥原则。重视营养元素之间的平衡，经济作物地区土壤以氮多磷过剩钾不足为主，平衡施肥要因地施肥，因作物施肥，能做到测土施肥最好。第二，有机与无机化肥配合使用。有机肥中除了含有作物生长所必需的氮磷钾元素外，还含有中微量元素，是一种多营养成分的肥料，与化肥配合施用，有利于作物增产。化肥的施用不单是为作物提供营养元素，还促进土壤团粒结构的形成，利于积累有机质，从而协调土壤中水、肥、气、热平衡，为作物吸收养分创造条件。②科学施用农药。根据病菌、病毒、害虫等有害生物的生理特点、生活习性、对农药的抗性以及作物对病菌、病毒产生免疫力的机理来综合考虑用药。用药时必须注意以下几点：第一，施用浓度。防病相对低浓度，治病相对高浓度。第二，施用方法。一种农药效果再好也不要在一茬作物单独使用 3 次以上，最好 2～3 种最多 4 种（其中一种是营养、防病、提高免疫力的）混合施用。第三，喷施方法。均匀喷施，定量用药。喷雾器的压力要足，雾化要好。第四，施用时间。打药时间间隔以 7～10 天为宜，最短也不要少于 5 天。杀菌药和杀虫药可以分开使用，也可以混合使用。

（4）调节土壤水肥气热平衡，综合防治病害 施肥不当，可能造成肥害，出现烧苗、植株萎蔫等现象。一次性过多施用化肥或施肥后土壤水分不足，会造成土壤溶液浓度过高，作物根系吸水困难，导致植株萎蔫，甚至枯死，这也是通常所说的盐害。过量施氮肥，土壤中存在大量铵离子，一方面以氨形式挥发，遇空气中的雾滴形成碱性小水珠，灼伤作物叶片，在叶片上产生焦枯斑点，这是通常所说的氨害；另一方面，铵离子在土壤中易硝化，在亚硝化细菌作用下转化为亚硝酸盐，释放的二氧化氮气体会毒害作物，在作物叶片上出现不规则水渍状斑块，叶脉间逐渐变白，这是通常所说的亚硝酸气害。因此，一定要合理施肥，特别是在温室内温度高、湿度大的条件下，有机肥分解快，磷有效性比露地高 2～3 倍，氮挥发量大，切忌过量施肥引起肥害。为了调节土壤水肥气热平衡，需综合防治病害，具体措施有三种：①使用 3 年以上的温室，鸡牛粪各控制在 2 500 千克以内，化学肥料降减 50% 左右。②全盐浓度大的地块，注重施牛粪、腐植酸肥，以提高土壤碳氮比、松土透气，达到解盐降肥害的目的。③补充硼、锌、镁元素，平衡土壤营养，为降低投入、争取持续高产创造条件。

186. 防治虫害的主要措施有哪些？

（1）黄色、蓝色诱虫板

黄色诱虫板 规格为 25 厘米×10/20/30/40 厘米。主要功能是利用蚜虫、白粉虱、斑潜蝇等害虫成虫对黄色的趋性，制成黄色诱虫板进行诱杀，杀虫效果显著。

蓝色诱虫板 规格为 25 厘米×10/20/40 厘米。主要功能是利用蓟马、种蝇等昆虫对蓝色的趋性，制成蓝色诱虫板进行诱杀，杀虫效果显著。

适用范围为塑料大棚、日光温室、果园、菜园、花圃苗房、蔬菜水果储藏室等。

（2）电子灭虫

灭虫原理：电子式杀/灭虫灯采用具有特定光谱的特殊光源和灭杀装置，在夜间开启光源将害虫引诱飞来，在飞扑光源过程中，使之触到设在光源外围的高压电网，高压电网瞬间放电将其击杀死亡，从而达到有效阻断害虫的生殖繁育链、降低危害农作物的虫口密度、减少化学农药使用量的目的。采用物理技术方法进行植物保护，是发展绿色环保农业、保护农业生态平衡，生产绿色、无公害农产品的重要技术手段。

主要功能：用于诱杀蚜虫、白粉虱、潜叶蝇、黄条跳甲、棕榈蓟马等趋色的微小害虫，也可用于吸附空气中的病原微生物、预防植物病害发生及蘑菇房的空气净化。

（3）硫黄熏蒸技术

技术原理：利用电加热原理，使硫黄粉蒸发升华成硫蒸气而不变成二氧化硫，并渗透到设施栽培内的每一角落。当硫蒸气达到一定浓度时，能杀死或抑制温室内各个角落的病原孢子及螨类害虫等。

主要功能：防治各种真菌性病害及虫害，对白粉病、黑斑病、灰霉病、霜霉病等真菌性病害有特效。

187. 大葱"白点疯"是如何引起的？怎样防治？

农民朋友所说的"白点疯"其实是一病两虫引起的，即灰霉病、蓟马和潜叶蝇。

（1）灰霉病

危害症状：叶片发病有三种主要症状：白点型、干尖型和湿腐型。其中白点型最为常见，叶片出现白色至浅褐色小斑点，扩大后成棱形至长椭圆形，潮湿时病斑上有灰褐色绒毛状霉层，后期病斑相互连接，致使大半个叶片甚至全叶腐烂死亡；干尖型病叶的叶尖，初呈水渍状，后变为淡绿色至灰褐色，后期也有灰色霉层；湿腐型叶片呈水渍状，病斑似水烫一样微显失绿，斑上或病健交界处密生有绿色绒霉状物，严重时有恶腥味、变褐腐烂。

发病特点：凡是能提高田间湿度和不利于植株健壮生长的因素都有利于灰霉病发生。如土壤黏重、排水不良、灌水不当、过度密植、偏施氮肥、植株衰弱、伤口刀口愈合慢等情况都能导致发病加重。

防治方法：①选育抗病品种。②控制浇水，合理施肥。③药剂防治推荐使用全新型杀菌剂恩泽霉1 000倍液喷雾防治，能有效控制病情的蔓延。④收获后及时清除病残体，防止病菌传播蔓延。

（2）蓟马

危害症状：以成虫和若虫危害大葱的心叶、嫩芽及幼叶。葱类的整个生长期都伴有各虫态虫体活动、取食，致葱类受害后在叶面上形成连片的银白色条斑，严重的叶部扭曲变黄、枯萎。

防治方法：①药剂防治可选用20％啶虫脒3 000倍液或10％吡虫啉1 500倍液等喷雾防治。②清除田间枯枝残叶，减少基数。

（3）潜叶蝇

危害症状：幼虫孵出后，即在叶内潜食叶肉，形成灰白色蜿蜒潜道，潜道不规则，随虫龄增长而加宽，幼虫在叶组织中的隧道内能自由进退，并在叶筒内外迁移于被害部位，一片筒叶上有多个虫道时潜道彼此串通，严重时候可遍及全叶，致使叶片枯黄。

防治方法：①加强肥水管理。②发现受害叶片及时摘除，田间植株残体和杂草及时彻底清除。③药剂可用2％阿维菌素1 000倍液等进行喷雾防治。

188. 早春甘蓝栽培常见的病虫害有哪些？如何防治？

(1) 软腐病

主要症状：一般始于结球期，初在外叶或叶球基部出现水渍状斑，植株外层包叶中午萎蔫，早晚恢复，数天后外层叶片不再恢复，病部开始腐烂，叶球外露或植株基部逐渐腐烂成泥状，或塌倒溃烂，叶柄或根茎基部的组织呈灰褐色软腐，严重的全株腐烂，病部散发出恶臭味。

防治方法：①前茬作物以非十字花科作物为宜，施用充分腐熟的农家肥。②实行深沟窄畦栽培，注意排水。③药剂防治用敌克松原粉兑水 1 000 倍液灌根，或用农用链霉素 200 毫克/千克浓度的药液灌根。

(2) 黑腐病

主要症状：主要危害叶片，多从叶缘发生，再向内延伸呈 V 形的黄褐色枯斑，在病斑的周围常具有黄色晕圈；可在叶片的任何部位形成不规则的黄褐色病斑。病菌由病叶的维管束发展到茎部的导管上，然后从茎部导管向上和向下扩展，引起植株萎蔫。天气干燥时，叶片病斑干而脆；湿度大时，病部腐烂但没有臭味。

防治方法：①选用抗病品种，合理轮作。②加强管理，及时防治害虫，减少害虫伤口，及时拔除病株，收获后清理田园。③种子处理。播种前用 0.5％代森铵浸种 15 分钟，也可用 50℃温水浸种 25 分钟。④药剂防治。发病前和发病初，用 60％抑霉灵或 35％瑞毒霉，加 50％福美双 1∶1 混合拌匀，兑水 500 倍喷雾防治；或用农用链霉素 200 毫克/千克、新植霉素 200 毫克/千克药液6～7 天喷一次，防治 2～3 次；也可用农抗 75 - 1 和菜丰宁 B 拌种及灌根防治。

(3) 蚜虫

主要症状：喜在甘蓝叶面上刺吸植物汁液，造成叶片卷缩变形，植株生长不良，影响包心，并因大量排泄蜜露、蜕皮而污染叶面，降低蔬菜商品价值。并能传播病毒病，造成的损失远远大于蚜虫的直接危害。

防治措施：①物理防治。根据蚜虫对黄色的正趋性和对银灰色的负趋性，利用黄板诱蚜或用银灰膜避蚜。②化学防治。可用40％乐果乳油或50％灭蚜松乳油1 000倍液喷雾，或用50％抗蚜威可湿性粉剂2 000～3 000倍液喷雾，对甘蓝蚜虫有效。一般6～7天一次，连喷2～3次。③农业防治。及时清除杂草，产品收获后及时清除残株枯叶，消灭蚜虫。

（4）菜青虫

主要症状：苗期受害严重时，重则整株死亡，轻则影响包心。幼虫还可以钻入甘蓝叶内危害，不但在叶球内暴食菜心，排出的粪便还污染菜心，使蔬菜品质变坏，并引起腐烂，降低甘蓝的产量和品质。

防治措施：①化学防治。可喷苏云金杆菌500～1 000倍液，或用20％杀灭菊酯乳油2 000～3 000倍液喷雾防治，还可用青虫颗粒体病毒制剂防治。②农业防治。清理田间残枝落叶，耕翻土壤，避免与同科蔬菜连作或间套作。

主 要 参 考 文 献

方慧，杨其长，梁浩，等 . 2011. 日光温室浅层土壤水媒蓄放热增温效果 [J]. 农业工程学报，27（5）：258 - 263.

郭世荣，王健 . 2013. 园艺设施建造技术 [M]. 北京：化学工业出版社 .

胡晓辉 . 2016. 园艺设施设计与建造 [M]. 北京：科学出版社 .

贾芝琪，孙守如，孙丽萍 . 2013. 黄瓜、西葫芦标准化生产 [M]. 郑州：河南科学技术出版社 .

李胜利 . 2012. 西瓜、甜瓜标准化生产 [M]. 郑州：河南科学技术出版社 .

李胜利 . 2017. 新形势下蔬菜产业种植环节发展探讨 [J]. 中国瓜菜，30（11）：40 - 44.

李胜利，孙治强 . 2012. 河南省蔬菜集约化育苗现状、存在的问题及建议 [J]. 中国瓜菜，25（6）：61 - 64.

李胜利，孙治强 . 2014. 河南省蔬菜集约化育苗常见的技术问题及对策 [J]. 中国瓜菜，27（4）：66 - 68.

李胜利，孙治强 . 2016. 河南省不同经营主体从事设施蔬菜产业适宜发展模式探讨 [J]. 中国蔬菜（1）：12 - 16.

李胜利，孙治强 . 2017. 现代蔬菜园区科学管理方法浅析 [J]. 中国瓜菜（5）：29 - 32.

李世军，郭世荣 . 2003. 设施园艺学 [M]. 北京：中国农业出版社 .

马长生 . 2013. 番茄、茄子、辣椒标准化生产 [M]. 郑州：河南科学技术出版社 .

尚庆茂 . 2011. 蔬菜穴盘苗水分管理技术 [J]. 中国蔬菜（9）：36 - 40.

尚庆茂 . 2011. 蔬菜穴盘苗养分管理技术 [J]. 中国蔬菜（11）：39 - 42.

尚庆茂 . 2011. 育苗场的科学规划与设计 [J]. 中国蔬菜（3）：42 - 45.

尚庆茂 . 2011. 育苗基质的科学配制 [J]. 中国蔬菜（7）：42 - 45.

史宣杰，王吉庆，李胜利 . 2016. 黄瓜穴盘嫁接育苗技术规程 [J]. 中国瓜菜（3）：39 - 41.

孙治强，张志录 . 2012. 洋葱、大葱、大蒜标准化生产 [M]. 郑州：河南科学技术出版社.

王吉庆.2013.绿叶菜标准化生产［M］.郑州：河南科学技术出版社.

王双喜.2016.设施农业装备［M］.北京：中国农业大学出版社.

吴凤芝.2012.园艺设施工程学［M］.北京：科学出版社.

张福墁.2010.设施园艺学［M］.北京：中国农业大学出版社.

张勇，高文波，邹志荣.2015.日光温室主动蓄热后墙传热 CFD 模拟及性能试验［J］.农业工程学报，31（5）：203－211.

张志刚，尚庆茂.2013.黄瓜穴盘育苗播后灌溉施肥技术研究［J］.中国蔬菜（20）：67－70.

周长吉.2011.周博士考察拾零（八）保温型塑料大棚［J］.农业工程技术（温室园艺）（10）：34.

周升.2016.大跨度主动蓄能型温室温湿环境监测及节能保温性能评价［J］.农业工程学报，32（6）：218－225.

图书在版编目（CIP）数据

乡村振兴战略 . 蔬菜业兴旺 / 李胜利主编 . —北京：
中国农业出版社，2018.10（2019.6重印）
（乡村振兴知识百问系列丛书）
ISBN 978-7-109-24458-0

Ⅰ. ①乡… Ⅱ. ①李… Ⅲ. ①蔬菜业—农业技术
Ⅳ. ①S

中国版本图书馆 CIP 数据核字（2018）第 181635 号

中国农业出版社出版
（北京市朝阳区麦子店街 18 号楼）
（邮政编码 100125）
责任编辑 郭银巧

北京万友印刷有限公司印刷 新华书店北京发行所发行
2018 年 10 月第 1 版 2019 年 6 月北京第 2 次印刷

开本：850mm×1168mm 1/32 印张：8.375
字数：215 千字
定价：28.80 元
（凡本版图书出现印刷、装订错误，请向出版社发行部调换）